# 中美台戰略趨勢備忘錄【第三輯】

曾復生 著

自序

# 美國如何維持台海兩岸的動態平衡

## 一、前言

二〇〇六年八月十六日，美國在台協會（ＡＩＴ）處長楊甦棣表示，美國非常清楚台灣對簽署台美自由貿易協定（ＦＴＡ）的興趣，並認為台灣若要爭取美國企業支持洽簽的最有效方法，就是要解除兩岸貿易、投資，以及通航的限制；同時，楊甦棣進一步強調，台灣放寬兩岸商品、金錢與人員流通的限制，對台灣保持在亞太區域經濟中的地位非常關鍵。

現階段，中國大陸綜合實力的成長、東亞地區的發展，以及全球經濟環境的變化，已經對中華民國未來的生存與發展構成新的挑戰，而台灣是否有能力建立內部的戰略性共識，以面對挑戰並克服結構性瓶頸，更將是國家領導人最重要的任務與考驗。目前，台灣所面臨的難題包括：（一）朝野政黨及政治精英對攸關國家共同利益的兩岸關係政策，嚴重地缺乏共識；（二）台灣缺少促進經濟產業升級所需要的基礎建設；（三）台灣的國防體系需要建立具有實質性的戰略與政策，並在結構上進行全面性改革；（四）台灣整體的民心士氣在面對中共心理戰所顯露出的脆弱程度。根據美軍太平洋總部智庫「亞太安全研究中心」，最近組成研究小組對台灣的政府官員、學者專家，以及工商界人士進行訪談的結果顯示，多數受訪者認為，中共對台灣的威脅主要是以政治和經濟手段為主，軍事手段反倒是其次；然而，多數受訪人士深切的表示，台灣內部遲遲無法就前述四項難題，提出有效的因應化解之道，才是台灣整體安全的最嚴重威脅。

在全球化的大趨勢下，美國與中共的互動關係已經發展出全新的戰略環境，而雙方的共同利益亦趨向緊密。相形之下，美國對台灣的重視程度將逐漸下降。由於台灣內部對國家最基本的憲政體制與國家認同問題，出現愈來愈激烈的爭議與分歧，因此，對於關係到整體國家利益的國防、外交、兩岸關係等政策，都嚴重缺乏共識的基礎。這種重大的政策路線嚴重分歧的狀況，只會造成整個國家經濟力和綜合實力的衰退。基本上，台灣的經濟實力越弱，其能夠與中共協商談判的籌碼也就越單薄。換言之，台灣的朝野若不能在重大的長期性戰略議題上達成共識，將會嚴重傷害台灣的經濟，導致資金、技術與人才更加快速地往中國大陸移動。同時，台灣在國際上也將會更加的孤立，甚至傷害到台灣在亞太地區的戰略性價值，並促使美國方面重新評估台灣在其西太平洋戰略利益量表中的位置。

整體而言，對美國繼續維持台海地區動態平衡的最大挑戰在於，美國如何保持嚇阻中共武力犯台的優越軍事能力，並防範台北方面祭出台獨的冒進行動，挑釁中共的底線，並引爆台海的軍事衝突。近日以來，美國方面透過多重的管道，明確地告知民進黨政府，有關美國處理台海問題的政策底線。同時，其亦勸告台北當局應把更多的精力放在提升經濟競爭力的議題上。換言之，美國在台協會處長楊甦棣的策略建議，正是美國積極維持台海動態平衡的關鍵性措施。

## 二、美國對「台海問題」的基本立場

二〇〇四年六月六日，前任美國國家安全顧問史考克羅（Brent Scowcroft），在新加坡的「亞太安全會議」上表示，「務實主義」（Pragmatism）是美國與中共互動的基礎；歷任的美國總統，不管剛就任時怎樣宣示，但是到最後都回到「一個中國政策」，柯林頓如此，現在的布希也是如此，因為這反映美國基本的國家利益；美國與中共之間並沒有危機，反倒有共同的關切，那就是台灣在未來仍有可能推向獨立；不過史考克羅亦明確的指出，美國會悄悄地告訴台灣的領導者，如果其挑撥起中共的敵意，美國絕不會支持台灣，同樣的，美國也會正告中共的領導人，絕不可任意動武；現階段，在亞太地區多數國家都樂意看到美國與中共間的「建設性合作關係」，能夠繼續發展下去。在「台灣問題」上，美國與中共雙方對「維持現狀」的共識與默契相當明顯，同時，北京方面也在美國領導人一再重申不支持「台獨」的表態下，越來越瞭解到「台獨」若沒有美國的支持，其將毫無實現的可能。換言之，中共方面也同樣基於「務實主義」的考量，很樂意地與美國發展「共同利益」的項目，並淡化雙方「分歧利益」的障礙。因此，中共的對台策略，也仍將繼續採取「懷柔與強硬手段交織運用」的方式，進一步營造對其有利的台海局勢與「中」美互動關係。

## 三、美國維持台海動態平衡的策略思維

針對「台海問題」，美國政府的主流意見認為，台海兩岸的情勢，若稍有不慎而爆發軍事衝突，將會嚴重地威脅到亞太地區的安定，並造成美國利益的重大損失；一旦民進黨政府誤判美國會給予台北，「空白支票式」的安全承諾，進而推動「台灣獨立」及「公投制憲建國」的政策；或者北京方面誤判美國的決心，進而對台採取激烈的軍事手段。這兩種誤判的結果，都將會為台海地區帶來危機。因此，美國政府有必要明確地告訴兩岸當局，美國對「台海問題」的基本立場。

目前，至少在表面上，台北、北京和華府三方都有意要維持台海的現狀。但是，問題的複雜性就出自於，三方面對所謂的「台海現狀」，都有各自不同的詮釋。對於中共而言，所謂「台海現狀」就是表示等待「統一台灣」的成熟時機到來，因此，其堅持一個中國原則，把台灣視為中國的一部份，並全力圍堵台灣在國際上，以主權國家的身份出現；至於台灣當局則是將台灣視為一個主權獨立的國家，同時並積極地推動公民投票的民主方式，進一步確立其主權國家的地位；此外，就美國所認定的台海現狀，則是強調台海兩岸間的歧見與爭議，必須要以和平的手段來解決，同時，美國堅持台海地區必須保持和平與穩定，並鼓勵兩岸雙方進行建設性的對話。換言之，台北、北京、華府三方面對「台海現狀」都有不同解讀，而此認知的分歧與差距，已經明顯

地展現在台灣內部政治勢力的角力，並導致台海地區經常陷入不穩定的緊張氣氛。

美國政府對於台海兩岸形勢的變化，擁有巨大的戰略利益，因此，美國必須採取積極的態度與明確的立場，而不是採用「放任」的態度，來面對台海地區的緊張情勢。首先，由於有不少民進黨決策人士認為，美國會以軍事行動介入台海衝突，事實上，美國的立場是當「中共無端的攻擊台灣」，美國才會根據「台灣關係法」，表達嚴重的關切。因此，美國政府應阻止民進黨政府挑釁中共，其次，美國應該繼續堅守「一個中國政策」，至於是否協防台灣，美國應該保持模糊策略，不能把台灣當成美國的安全戰略夥伴；最後，美國應該清楚地告訴北京，如果中共無端的以武力攻台，美國將會有軍事上的反應。同時，美國應告訴台北，任何片面尋求台灣獨立的行為，美國將會制止，因為，美國支持台灣的民主發展，並不等於支持台灣獨立。

基本上，美國以「台灣關係法」保障台海地區的和平與穩定，其真正的用意是維護台灣的民主社會，並避免台灣變成第二個香港，落入「一國兩制」的圈套之中。目前，中共方面最迫切需要努力的工作是積極推動各項經濟、社會，以及政治性的改革；至於台北方面則是需要加強實力並有效化解各種挫折感的意識。然而，台海兩岸間逐步建立起可以操作的協議架構條件，也已經開始出現，其中包括：（一）兩岸經濟整合的速度與勁道，已非雙方政府部門所能夠阻止或控制，同時，台灣也已經無法自外於大中華經濟圈的發展格局與趨勢；（二）台灣的民主政治已經生根，因此香港的「一國兩制」模式，將很難運用在處理台灣的難題上；（三）

中國大陸快速的經濟發展與改革措施，已經讓台海兩岸的制度與生活方式差距逐漸縮小，同時也創造出務實理性處理台灣問題的氣氛與討論空間。因此，對於美國而言，其最佳的策略既不是支持台灣與中國永遠分離，也不是同意中共併吞台灣，而是繼續的堅持維護台海現狀，為兩岸的中國人保留和平化解歧見的空間與機會。

## 四、結語

隨著台灣內部政情的演變和大陸政治經濟快速發展的新形勢，美國不僅不準備放棄台灣，反而會根據「台灣關係法」的規範，認真的保護台灣二千三佰萬人的福祉與安全。因此，美國當局不僅要堅持維護台海和平與穩定的現狀，同時還要正告台海兩岸當局，和平是美國在台海地區及西太平洋的關鍵利益。換言之，美國將採用新的戰略性模糊政策，一方面告訴台北當局，美國不可能在任何狀況下都出兵保衛台灣；同時，美國也將正告北京，要北京當局不要認為其對台採取軍事侵略時，美國不會出兵保護台灣。此外，美國方面針對陳水扁企圖改變台海現狀的行動計劃，將明確地向台北當局表示，美國在台海地區所能夠貢獻的角色是，提供台海兩岸足夠的時間與空間，以和平的方式化解彼此的歧見，因為，美國既無意願與中共發生嚴重衝突，也沒有興趣支持台灣永遠與中國分離，更何況一旦台海地區發生戰爭，台灣所遭到的將是毀滅性的後果；倘若陳水扁繼續一意孤行，並企圖操作台灣自主意識，片面改變台海現狀，美國將會傾向於逐漸疏遠與台北的關係，甚至表示一切改變現狀的後果，將由台北方面自行負責。

目前，台灣內部的政局已經出現明顯的動盪。對於美國而言，這種政局發展的不可預測性和政策信用的快速滑落，勢將迫使美國降低對台灣政府的期望；同時，此也將促使美國方面，考慮增加對北京的倚重，以共同維持台海地區的和平與穩定。換言之，布希政府對於處理「台海問題」，已經認為台灣政府是基礎不穩的弱勢政府。因此，其有必要加強與北京政府，進行更具體的建設性合作互動，以維持美國在此地區的利益。與此同時，陳水扁政府也會在這種新的政策思維中，明顯的被邊緣化。

二〇〇〇年三月十八日中華民國第十任總統選舉結果出爐後，美國方面普遍認為，兩岸關係將趨向複雜和不確定；二〇〇四年三月二十日中華民國第十一任總統選舉結果產生後，中美台的互動關係，更出現瀕臨結構性轉變的關鍵時刻；隨著二〇〇八年總統大選的迫近，「兩岸三邊」的互動關係，勢必會成為影響選舉結果的重要變數。因此，國人有必要密切觀察中美台的戰略趨勢，以確保台灣的關鍵利益與安全。筆者基於中華民國生存與發展的考量，審慎地選材與研析相關的論述和事件，並標明備忘錄完稿時間，期盼能為關心台北—北京—華府互動趨勢的讀者們，增添一個資訊管道，以收集思廣益的效果。最後，作者想藉本書的出版向慈母吳玉英女士表達最深的愛與懷念。

曾復生　謹誌於台北
二〇〇六年十月六日中秋夜

# 目次

備忘錄一七六

# 中共可能選擇在台海動武的理由

時間：二〇〇四年八月二十五日

八月二十二日，大陸國家主席胡錦濤在鄧小平百歲誕辰紀念會上表示，中共將繼續貫徹「和平統一、一國兩制」的基本方針和「江八點」主張，來處理台灣問題；不過，胡亦強調，大陸有決心和能力粉碎任何把台灣從中國分割出去的圖謀。八月二十一日，大陸的中新社在一篇分析文章中披露，鄧小平曾經針對「對台動武」的議題做出戰略性的決定，並堅持中共下一代絕不會承認放棄對台使用武力，也不會向美國人、任何人承諾放棄武力解決台灣問題；鄧小平強調，我們要記住這一點，我們下一代也要記住這一點，這是一種戰略考慮。八月二十二日晚間，新加坡總理李顯龍在國慶演說時表示，新加坡不會承認台灣獨立，而台灣海峽的確存在誤判和擦槍走火的可能，一旦戰爭爆發，新加坡會面臨一個困難的抉擇，但如果衝突是由台灣方面所挑起，新加坡將不會支持台灣；此外，李顯龍強調，如果台灣走向獨立，中國必然動武，而不論結果如何，台灣終將走向毀滅，但在他會見的台灣領導人當中，只有很少數人認識到這點。今年的八月十三日，美國大西洋理事會資深研究員拉薩特博士（Martin L. Lasater），在台灣安全研究中心的電子報中，發表一篇題為"Why China May Select to Use Force in the Taiwan Strait”的研究報告，針對中共可能選擇以武力手段處理台灣問題的狀況和理由，提出深入淺出的剖析，其要點如下述：

第一：美國國防部於今年五月發佈的「二〇〇四年中共軍力評估報告」指出，中共可能對台採取軍事行動的狀況包括：台灣當局正式宣佈台灣獨立；外國勢力介入台灣內部的事務；台灣方面無限期地拖延兩岸對話；台灣擁有核子武器；台灣內部發生動亂。然而，近年以來，北京的領導階層普遍認為，倘若運用和平手段一直無法解決台灣問題時，中共當局將可能把軍事手段，當成解決台灣問題的重要選項，一旦具體的條件和情勢成熟，中共當局將會毫不猶豫地以軍事手段解決台灣問題。

第二：現階段可能促使中共當局，決定以武力手段解決台灣問題的狀況與條件包括：（一）台北當局繼續地拒絕接受「一國兩制」的安排，同時亦反對「一個中國原則」，並讓中共方面確認，在台灣島內的這種政治形勢，已經沒有轉變的可能性時；（二）當台灣問題已經在大陸內部形成高度政治性的議題，而北京當局不可能在處理台灣問題的態度和立場上，出現任何妥協或彈性措施時；（三）當北京當局完全確定陳水扁政府的欺騙性，同時對陳水扁政府所提出的任何彈性建議與措施，都抱持懷疑的態度，並悍然拒絕陳所提出的所有方案；（四）中共當局確認美國，既不願意也無法運用各種壓力，阻止陳水扁政府繼續推動「漸進式台獨」，例如修改中華民國憲法；（五）中共軍方領導人強調，一旦台美軍事合作的發展再向前邁進，中共用軍事手段迫台談判的成本將會大幅增加，因此，對中共軍方而言，越早對台灣採取行動越好；（六）當中共軍方和政治領導人普遍相信，共軍的戰力將可以有效嚇阻美軍介入台海軍事衝突時，或者當共軍認為，儘管有美軍介入也不致於重創中國大陸的經濟現代化，以及中國共產黨繼續執政的地位時；（七）當中共的領導人評估，其在台海使用武力解決台灣問題的政治性代價，仍然在可以接受的範圍內，包括國際上支持台獨的勢力受到限制、中國能繼續擁有在亞太地區的地位與影響力、美國在事後不致於把中國視為長期的敵人、中國大陸的現代化進程不致遭受到全面性的破壞，以及中國共產黨仍可繼續位居領導地位；（八）當北京的領導人確信，中共的軍隊已經準備妥當，可以有效的在短時間內佔領台灣，甚至在有美軍介入的狀況，亦能有效而且快速地達成軍事任務；（九）北京當局確信，台灣內部的反抗力量不足以對共軍的攻擊造成威脅，同時，台灣內部的民間力量可以在短期內與共軍共同組成臨時政府；（十）北京領導人確信在大陸上的多數人民，都堅決地支持捍衛中國主權統一與領土完整的行動，並對軍事手段解決台灣問題的措施，表現出高度一致的支持態度；（十一）中共領導人確信，在對台採取軍事手段之後，中國大陸的主要經貿活動，尤其是國際貿易的活動將可以在很短的時間內恢復正常；（十二）中共領導人確信，在對台採取軍事手段解決問題後，中國在世界舞台上的外交和戰略地位受創不大，而且可以在短期內恢復原有的地位；（十三）中共領導人確信美國為避免與中國發生全面性的戰爭，其將不會入侵中國大陸或直接攻擊大陸重要的戰略據點和設施；（十四）中共領導人確信，即使共軍的對台作戰失敗，美國也不會宣佈承認台灣獨立，或者美國也不會從根本上改變與中國保持交往的外交政策。

備忘錄一七七

# 中共操作「兩岸三邊牌」的策略思維

時間：二〇〇四年九月一日

八月三十日，中國時報報導指出，共軍最近突然撤回兵力，取消年度例行的東山島三軍聯合演習，已受到亞洲鄰近國家的高度矚目。根據國防部研判，共軍雖未正式對外宣布取消演習，但進入九月後，天候更不利於演習，早先中共宣稱將以演練奪取台海制空權的東山島演習，應該就此取消；此外，國防部的官員並一步表示，共軍如果依時程和計劃舉行東山島演習，其實很正常，但這次臨時取消演習，反而有些異常，國軍仍持續密切監控中，因為以中共的大國地位，一項宣傳已久的大規模演習，在國際注視之下，卻突然無疾而終，「確實很詭異」。

然而，吾人若從中共彈性操作「兩岸三邊牌」的策略思維觀之，即可整理出此項事件的特點如下：（一）現階段中共對台政策的主軸，是結合「五一七聲明」、「陳水扁五二〇演說」，以及「凱利四二一國會證詞」的內涵與精神，繼續地保持主動權與主導性。東山島的針對性演習，已經達到心理戰和輿論戰的效果。中共當局認為現階段調低武嚇的力度，既可以賣面子給布希政府，又可以減損台灣內部台獨基本教義人士，以中共武嚇做為要求增購軍備，甚至發展核武的「正當性」；（二）中共與美國雙方在最近的幾個月以來，彼此曾經就有關台海地區政局演變議題，進行多次深度的對話。基本上，雙方對彼此的立場，即中共的「五一七聲明」和美國的「凱利四二一證詞」，均表現出不滿意但是還可以接受的態度，同時雙方也逐漸的發展出「維持台海現狀」的默契。因為，中共瞭解到美國支持的是「鳥籠台獨」，但不會支持跨越中共底線的「法理獨立」。換言之，中共方面認為東山島軍演的對美政治效果已經達成，也就不必再浪費資源，甚至還可能要負擔洩露軍機的昂貴代價；（三）針對台灣內部的政情變化，中共方面已經理解到，一旦中共方面加大力度對台武嚇，其不僅會造成島內支持「兩岸融合」的聲音失去「理性的基礎」，而且更會刺激島內主張獨立的勢力凝聚共識，並獲得爭取與美日結盟，以共抗中共的正當性。基本上，中共對台武嚇與霸道的做法，只會刺激更激進的台獨路線，對兩岸的和平統一並無助益。因此，東山島軍演的取消，顯現出中共的策略彈性趨向靈活，但終究還是策略運用的手段。

整體而言，中共操作「兩岸三邊牌」的策略思維，隨著其綜合國力的明顯成長，已經開始展現更加彈性靈活的手段運用，而這才是吾人必須嚴肅面對的重大課題。

備忘錄一七八

# 中共與日本互動關係的最新形勢

時間：二〇〇四年九月五日

九月四日，日本「產經新聞」和「每日新聞」報導指出，日本政府高層已經決定不發給李登輝簽證，並提示兩項理由包括：（一）九月剛好排定有關朝核問題的「六邊會談」，為了避免激怒北京，所以不可能發給李登輝簽證；（二）台灣將在十二月選立委，日本擔心李登輝會利用訪日機會做政治宣傳，讓他支持的台聯能夠勝選。不過，報導亦強調，日本政府目前決定今年之內將不會發給李登輝簽證，如果明年他想前來，只要不是政治活動，就能來日本。由於中共方面一直對日本政府，表達反對李登輝訪日的立場，而日本政府顧慮到中共可能的反應，因此做出不接受李登輝訪日的決定。整體而言，近幾年以來，隨著中國大陸綜合實力的明顯增長，中共與日本的互動關係，也逐漸發展出複雜而微妙的變化。日本內部與中國大陸內部，對於如何處理日趨複雜而密切的互動，也出現分歧性的意見。此外，雙方對於如何發展與美國間的軍事安全及經貿互動關係，也將影響到亞太地區整體的形勢變化。今年六月，美軍太平洋總部的「亞太安全研究中心」，針對中共與日本的互動形勢，提出一篇題為“China-Japan Relations：Cooperation Amidst Antagonism”的分析報告；另位在夏威夷的智庫「太平洋論壇」

（Pacific Forum），亦於九月二日發表一篇題為"Troubling Signs for Japan-China Relations"的研究論文。兩篇深入淺出的報告均強調，日本與中共互動的最新形勢，在政治面、經濟面、軍事面，以及社會面等，都出現了複雜而敏感的特性，現謹將要點分述如下：

第一：中國大陸與日本的經貿互動關係，在最近的幾年以來，有非常顯著的成長。二〇〇三年，中日雙邊的貿易總額達到一千三佰億美元，較前一年成長百分之三十，而今年估計將可達到一千伍佰億美元的水準；此外，中國大陸已經在二〇〇三時，正式成為日本最大的進口貿易夥伴，佔日本全年貨物進口總額的百分之十八點三；同時，日本對中國大陸的貨物出口總額，在二〇〇三年時成長了百分之三十三點八，達到六點六兆日元，成為日本產品的第二大出口對象（日本產品第一大出口對象是美國）。至於日本與中國大陸的投資互動關係，在最近幾年以來，也已經成為日本經濟復甦的新引擎。二〇〇二年日本廠商到中國大陸投資的金額達到五十二億美金，到二〇〇三年時，其投資金額成長率甚至高達百分之四十八的水準，並促使日本與中國大陸的經貿投資互動關係，更形緊密。此外，日本與中國大陸間在人員的交流往來上，亦出現相當顯著的變化。二〇〇三年時，有將近二百二十五萬日本人到中國大陸參訪，另在二〇〇二年時，有大約四十五萬二千名中國人到日本參訪；另到二〇〇三年五月為止，有七萬名中國留學生在日本求學，佔日本外國學生的百分之六十四點七，同時，日本也有一萬三千名留學生，在中國大陸求學；此外，日本城市與中國大陸的城市間，已經發展出二佰二十個姊妹市的合作關係，至於各種非政府性質的民間組織活動與交流，也蓬勃地在各個地區，進行熱絡的互動。

第二：雖然中共與日本在經貿互動和人員交流上，出現相當顯著的正面發展。但是，雙方在政治上、社會上，以及軍事安全上的一些議題，卻日益地浮現出不安與困擾的氣氛和事件。日本首相小泉參拜靖國神社的行為，從中共的角度觀之，是非常敏感的挑釁動作，但是，小泉首相卻考量到此行為將有利於爭取國內選民的支持；中共與日本為爭取俄羅斯的石油管線，已經在俄羅斯展開各項的政治性角力。不過，中共方面普遍認為，在區域性的競爭中，時間將站在中共這一邊，因為，中國大陸在地理、人口、和整體的發展潛力上，均佔有明顯的優勢；此外，根據中國大陸的研究機構在二〇〇三年所做的一項調查報告顯示，有高達百分之九十三點一的大陸網路族（年紀普遍較輕）表示不喜歡日本人；與此同時，在日本也有類似的研究報告指出，日本的年輕一代對中國人有反感的比例，也在明顯地增加當中。

第三：隨著中國大陸經濟的顯著成長與發展，中共方面已逐漸地將自己定位在亞洲領導國的地位，同時也採取「大國外交」的策略，增加其在朝鮮半島、東南亞、南亞，以及中亞地區的影響力。長期以來，中共對於美國與日本間的軍事同盟深具戒心，同時對於日本因素介入台灣問題的動向，亦密切的關注並嚴加抵制。此外，日本也開始認真地思考，其將如何妥善處理，與美國和中共同時發展關係的策略，並儘量的避免在美國與中共競合的過程中，成為兩面不是人的夾心餅，或者在受制於美日軍事同盟的架構中，無法維持與中共間的建設性合作關係。

備忘錄一七九

# 中共如何看待全球化的大趨勢

時間：二〇〇四年九月七日

今年八月下旬，美國財政部次長泰勒在紐約表示，華府樂見北京與七大工業國（G七）共同討論全球經濟議題，並進一步成為七大工業國會議的成員，因為，這種積極性的交往和互動，有利於中國大陸、美國和全球經濟。目前中共雖然還不是七大工業國會議的成員，但已經是一九九九年成立的二十國集團（G二十）成員。G二十成員包括G七加上印度、巴西、墨西哥、土耳其、沙烏地阿拉伯等二十個大國，提供很好的論壇使中共和全球經濟接軌，並積極促使中國大陸加速融入世界經濟體系。此外，在國際安全的領域中，隨著美國調整其全球戰略佈局，也同時為中共創造出有利的國際環境，因為，美國需要借重中共的影響力，共同處理朝鮮半島的核武問題。至於中共方面，則是積極地發揮其經濟實力所產生的政治力，在東北亞、台灣海峽、東南亞、南亞、中亞，以及中東地區，同步地擴展經貿與軍事安全的各項活動。基本上，中共的領導階層和智庫學界，已經開始認真地思考，如何在全球化的大趨勢中，創造出對中國大陸有利的國際環境，同時亦能夠讓中國大陸避開全球化所可能帶來的負面衝擊與影響。

今年八月下旬，由華府智庫「戰略與國際研究中心」（CSIS）與麻省理工學院，聯合出版的「華盛頓季刊」（The Washington Quarterly Summer 2004），即發表一篇題為“China Views Globalization : Toward a New Great-Power Politics?”的專論，針對中共當局看待「全球化」的態度，以及各項因應全球化趨勢的措施，提出深入的剖析，現謹將內容要點分述如下：

第一：北京當局認為「全球化」是一把兩面刃，其一方面可以透過與全球經濟體系的密切互動，使中國大陸的經濟能夠持續快速成長，另一方面，如果北京當局無法妥善的處理全球化所帶來的衝擊，其也可能造成中國大陸的經濟社會發展，偏離正常的軌道，甚至出現倒退的局面。整體而言，從中共政治領導人的角度觀之，全球化的內涵包括：資金的流動、武器的擴散、傳染病的蔓延、恐怖份子的威脅，以及網路犯罪的盛行等。對於中共領導人而言，其如何將這些全球化所產生的現象與活動，導向可管理的途徑，並進而從中創造有利於己的形勢，必將成為其嚴肅的執政課題。

第二：在國際政治經濟的大架構中，中共的領導人認為，國際政治的民主化是全球化大趨勢中，自然形成的一種現象，而這種國際政治民主化的結構，將可以發揮牽制美國單一霸權的作用，並進一步削弱美國單邊強權政治的影響力。同時，對於正在逐漸崛起的中共而言，其正好可以運用強調安全合作、雙贏格局，以及採取多邊經貿合作或安全合作架構的設計，來凸顯北京在國際社會中的影響力，以及和平崛起的特質。此外，北京的領導人認為，在全球化的大趨勢中，經濟互賴的關係越密切，國際經濟互動的架構，越可以牽制美國的單一霸權，並讓中國大陸在世界經濟互賴程度越來越密切的趨勢中，順勢的成長壯大，並避開美國單一霸權的牽制。因此，北京當局決定爭取加入世界貿易組織、加入G七會議、加入G二十會議，創立「北京論壇」、「上海論壇」，以及「博鰲論壇」的設計，都是針對全球化趨勢的因應策略。

第三：在全球化的趨勢中，軍事安全領域的議題，也是北京領導人高度重視的部份。基本上，北京方面認為，台灣問題是北京所面臨的一項重大的傳統性安全議題。除此之外，北京當局認為，在SARS疫情爆發之後，北京領導人開始正視，全球化趨勢所帶來的非傳統性安全議題。同時，在朝鮮半島核武危機的議題、中東地區的軍事衝突，以及中亞和新疆邊界的恐怖份子活動和疆獨擴散議題等，都直接或間接的影響到中國大陸的經濟發展和社會穩定。因此，中共當局有必要運用本身的經濟實力和政治影響力，積極的參與這些地區的活動，以有效的掌握這些地區的重要脈動，進而增加北京的戰略資源，並降低這些地區的衝突事件，對中國大陸所帶來的負面衝擊和影響。

第四：整體而言，北京當局在一九九六年第一次使用「全球化」的概念開始，已經從排斥到接受，甚至進一步規劃全面性的策略，以期在全球化大趨勢的兩面刃中，創造中國大陸和平崛起的國際環境。基本上，北京當局認為全球化所孕育出來的國際政治民主化格局，正好可以牽制美國的單邊主義霸權。因此，北京當局決定積極地參加國際組織與國際論壇，並與俄羅斯、法國、德國等，建立戰略互動關係。同時，北京本身亦主動的倡導區域性的經貿互動和軍事安全合作機制，為本身的和平崛起創造條件。換言之，中共當局在面對全球化的大趨勢，已經從排斥拒絕，轉變成積極參與，甚至開始成為全球化趨勢的獲利者與贏家。

備忘錄一八〇

# 胡錦濤與江澤民的權力關係

時間：二〇〇四年九月二十日

九月十九日，中共十六屆四中全會閉幕，大陸國家主席兼中共總書記胡錦濤，正式接掌中共中央軍委會主席，成為集中共黨、政、軍大權於一身的最高領導人。曾經主導中共中央長達十五年之久的江澤民，在辭去中共中央軍委會主席後，也將於明年三月「全國人大」會議中，正式辭去大陸國家軍委主席的職務，並淡出政治舞台。在這一次以加強中共執政能力建設為主題的「四中全會」，其最受矚目的議題除了江澤民的去留問題外，就是中共中央軍委會陣容的大幅充實。在這次的改組中除了增加總政主任徐才厚為副主席外，還納入了四位軍委會委員包括：濟南軍區司令員陳炳德、空軍司令員喬清晨、海軍司令員張定發，以及二炮司令員靖志遠。整體而言，中共中央軍委會納入海、空軍，以及戰略導彈部隊的負責人，正反映出共軍積極進行，提升「高技術局部戰爭」能力的決心與準備。此外，「四中全會」的公報重申對台「和平統一、一國兩制」的方針，以及「江八點」的政策主張；同時，胡錦濤在會中仍然維持鄧小平倡導以「經濟建設為中心」的發展觀點，強調要以經濟發展，作為解決中國一切問題的關鍵。最近三個月以來，西方的主流媒體包括紐約時報、華盛頓郵報、華爾街日報，以及華府智庫「詹姆士城基金會」（Jamestown Foundation）和位在夏威夷的智庫「太平洋論壇」（Pacific Forum），均曾經針對中共四中全會召開前夕，江澤民與胡錦濤兩人的權力關係，以及江胡兩系人馬的權力鬥爭，進行各項揣測分析。與此同時，民進黨政府內部的主流意見認為，中共內部因「台海議題和中美互動」的路線之爭，已經引爆胡江人馬的惡鬥。因此，扁政府的核心策士表示，有必要繼續操作「兩岸三邊牌」，讓中共內部的權力鬥爭惡化，同時並繼續爭取美國的鷹派和日本的右翼人士支持，創造「公投制憲建國」的有利環境，以進一步鞏固十二月立委選舉的基本盤。但是，事實的發展顯示，現階段中共領導高層在民族主義和現實利益的雙重考量下，普遍認為「分工合作、集體領導」的模式，是中共迎接「戰略機遇期」的最佳途徑。換言之，現階段，民進黨政府想藉中共內部爆發權力鬥爭，進而從中得利，恐怕是不切實際。今年九月十六日，「太平洋論壇」（Pacific Forum）刊出一篇題為 “China's Gun-Control Problem : Jiang VS. Hu?” 的分析文章，針對胡錦濤與江澤民的權力關係，進行深度的剖析，甚至還為十九日「四中全會」江澤民請辭，由胡錦濤正式接任軍委會主席，預先提供重要的背景說明，其要點如下：

第一：「誰控制中國的軍隊？」一直是西方觀察人士最感興趣的問題之一。隨著中共十六屆四中全會召開在即，胡錦濤與江澤民的權力互動關係，也成為各方矚目的焦點。多數的西方媒體和智庫人士，習慣於運用「權力鬥爭」的角度，來解讀中共高層的互動關係，因此，紛紛揣測認為江澤民系的人馬，正在積極的進行軍委主席的保衛戰，而胡錦濤的人馬則是運用元老、媒體，以及國際影響力，逼迫江澤民下台。然而，從中共當局思考整體發展戰略的高度觀之，目前中共高層普遍認為，美國與大陸的互動格局，正處於「合作面大於競爭面」的競合關係，而中國大陸也正遭逢難得的「戰略機遇期」。因此，中共高層的權力結構，目前在大原則具有共識的形勢下，仍然處在微妙的平衡狀態。九位中央政治局常委在分工合作的格局中，還不致於爆發鬥爭的場面，至於江澤民是否會續任軍委會主席的職位，對於整個權力結構的功能發揮，並沒有顯著的影響，而胡錦濤與溫家寶的態度，則是樂見江澤民分擔治國的重擔，尤其是中美關係和國際安全戰略的複雜議題，因為中國大陸的重大問題實在太多、太複雜，而且多到令胡錦濤和溫家寶樂於和江澤民分享權力。

第二：江澤民可能會在「四中全會」上，正式辭去中共中央軍委主席的職位，或者，江澤民也可能選擇再任職幾年，然後隨著時光逝去而淡出。但是，無論如何，胡錦濤終將要面對，如何領導軍隊並積極地發展與共軍互動的模式和深度。當胡錦濤出任軍委會副主席時，江澤民曾經把「軍隊停止經商」的清理難題，付予胡錦濤處理。對於這項在共軍內部反彈激烈的問題，胡錦濤竟然能夠在軍方的支持配合下，順利地完成任務。此顯示共軍對胡錦濤的領導並不排斥。此外，中國大陸整體的發展環境，目前並沒有碰到嚴重的危機。江澤民和胡錦濤可能會在一些特定的議題上，或許有些不同的意見，但是，他們對於中國大陸保持經濟發展的勢頭和社會穩定的大原則，顯然具有高度的共識。因此，胡錦濤與江澤民在是否接受中共中央軍委會主席的議題上，將不太可能會出現激烈的權力鬥爭。換言之，江澤民與胡錦濤之間的權力關係，仍具有「合作面大於競爭面」的特質。

備忘錄一八一

# 兩岸經貿互動的機會與風險

時間：二〇〇四年九月二十一日

九月十九日，大陸商務部長薄熙來在北京舉行的世界工商協會峰會上指出，中國大陸在二〇〇四年的進口貿易總額，預估將可突破一兆美元，成為世界第三大貿易國；同時，薄熙來表示，中國大陸還將要繼續進口先進技術設備、高新技術產品、基礎原材料，以及大量有競爭力的消費品。根據統計資料顯示，二〇〇三年中國大陸進口總額為四一〇〇億美元，比二〇〇二年增長百分之四十，成為僅次於美國和德國的世界第三大進口國；大豆、棉花、鐵礦砂、氧化鋁、銅精礦、化肥和羊毛的進口量居世界第一位；鋼材和天然橡膠進口居世界第二位；原油進口居世界第四位。在過去的十七年（一九八七—二〇〇三年），兩岸之間的經貿交流發展非常的快速。在貿易方面，從一九九三年起，中國大陸已經成為台灣的第三大貿易夥伴。到二〇〇二年十一月，中國大陸已經超越美國成為台灣的第一大出口市場。在投資方面，從一九九二年起，中國大陸已經成為台灣每年對外投資最多的地區。根據中央銀行總裁彭淮南的估計，到二〇〇二年底，台灣累計對中國大陸投資的實際金額大約為六百六十八億美元；二〇〇〇年台灣對中國大陸投資占台灣對外總投資額的百分之五十一，到二〇〇三年時更提升到百分之七十的水準。在經濟全球化的市場力量趨使下，台商為尋求全球資源的最佳配置和拓展全球市場，必須要加速推動兩岸的經貿交流；然而，由於兩岸之間仍有嚴肅的主權僵持與嚴峻的軍事對峙，因此，也造成兩岸經貿互動的風險性與不確定的焦慮感。今年四月，美軍太平洋總部的智庫「亞太安全研究中心」（Asia-Pacific Center for Security Studies），即發表一篇題為"Cross-Strait Economic Relations : Opportunities Outweigh Risks"的專題報告，針對台海兩岸經貿互動的特質和後續的發展與影響，提出深入的剖析，其要點如下：

第一：現階段，台海兩岸間的政治僵局，雖然仍看不到鬆動的跡象，但是，兩岸間的經貿投資關係，卻顯然不受政治僵局的影響，依舊呈現快速增長的面貌。對於台灣而言，兩岸的經貿互動關係，對於島內的經濟發展與政治生態變化的影響，已經有越來越明顯的趨勢。雖然台灣當局瞭解中共方面，企圖把兩岸的經貿關係，付予政治性的功能，並採取各種設限降溫的措施，但是，兩岸間的經貿交流卻已成為不可逆轉的潮流。不過，台灣當局擔心兩岸經貿交流所伴隨的風險，確實需要再客觀審慎的評估，因為，以現實的發展狀況觀之，台灣與中國大陸進行經濟互動與整合所帶來的好處，已經超過其所帶來的安全風險。

第二：中共當局積極地推動兩岸間的經貿互動，其主要的政治性考量包括：（一）透過經貿的交流，逐漸發展出兩岸在技術面、行政面，甚至延伸到政治面的互動，進而為兩岸政治統合舖路奠基；（二）透過兩岸人員的交流，在經貿互動的過程中，發展社會文化的關係，培養台灣人民願意與大陸統一的感情基礎；（三）運用各項經貿租稅的優惠措施，加強吸引台資進入大陸，同時，在願意容忍巨額貿易赤字的狀況下，維持兩岸間快速成長的貿易關係。中共方面認為，台灣當局對兩岸經貿互動的設限與降溫措施，最後仍將是徒勞無功的，因為，兩岸間的經貿交流是大勢所趨，而且兩岸將會在二十一世紀統一，並且能夠繼續保持經濟的繁榮。

第三：台灣當局在面對中共方面，透過經貿交流途徑的政治性攻勢，已經陷入相當矛盾的困局。一方面台灣擔心中共對台灣的安全威脅，但是另一方面卻也歡迎兩岸經貿交流所帶來的繁榮與和平。在過去的十幾年間，台灣當局對兩岸經貿互動的限制，隨著台商的要求與壓力日增，而逐漸的朝開放的方向移動。對於包含經濟與安全等複雜難題為「三通議題」，在經過兩岸當局的僵持與試探過程，台北方面終於正式提出複式委託的模式，希望兩岸能夠進入「直航談判」的過程；至於中共方面也在二〇〇二年十月間，由副總理錢其琛提出「兩岸航線」，以取代長期堅持的「國內航線」，做為兩岸直航的定位。儘管如此，中共方面仍然宣稱，兩岸直航將有助於中國統一的實現。至於台灣方面，其對於兩岸經貿互動與直航所將帶來的國家安全威脅和風險，也沒有任何心理上的鬆懈。此外，台灣方面還擔心在兩岸經貿互動的過程中，台灣技術將會流入大陸，並培養台灣產業的競爭對手；同時，當台灣的產業和經濟過度依賴大陸市場時，也將形成政治上的脆弱部位與盲點。

第四：隨著兩岸經貿關係的日益深化，對於中共的戰略規劃者而言，如何善用兩岸的經貿關係，以達到「不戰而屈人之兵」的效果，也逐漸的成為解決台灣問題的選項之一。換言之，對台灣而言，兩岸經貿互動雖然有風險也有好處，但卻逐漸形成避免台海爆發軍事衝突的重要機會和選擇。

備忘錄一八二

# 六一〇八億軍購案的挑戰與契機

時間：二〇〇四年九月二十八日

九月二十七日，立法院預算中心發佈「九十四年度政府總預算評估報告」，對於六千億軍購案提出批評指出，目前政府實際上已是負債大於資產，根本無能力再進行額外軍備支出，軍購特別預算一旦通過，有拖垮台灣經濟之虞；此外，報告亦強調，若與世界其他主要國家二〇〇一年國防經費負擔比較，國人每年必須負擔國防經費三百五十五美元，高居世界第六；如果政府的兩岸政策維持目前的路線，則行政院六千億元特別預算的軍購支出，顯然不會是結束，而只是軍備競賽的開端而已。

基本上，「美國對台軍售」及「台美軍事合作」，都是屬於美國在西太平洋整體戰略佈局的一部份。吾人必須瞭解，在美國的亞太戰略利益量表中，台灣可能會被擺在「美日軍事同盟圍堵中共的戰略前沿」、「美國與中共發展建設性合作關係的障礙」或「和平演變中國大陸民主示範」等三個不同的位置。目前美國方面透過「對台軍售」及「軍事合作」的途徑，意圖對國軍的整體戰力，進行全面性的瞭解，以做為調整台灣在美國戰略利益量表位置的重要參考。然而，從我國國家利益的著眼點出發，倘若美國把台灣擺在「戰略前沿」的位置，我國在「對美軍購」的議題上，就可以採取較堅持的立場，要求美國對台進行軍事援助，或者以租賃的方式提供先進的軍事裝備；倘若美國把台灣視為其與中共發展合作關係的障礙，則我國花費大筆經費向美國購買武器，豈不成為「被人賣掉還要替人數鈔票」的凱子；如果我國能夠被美國視為「和平演變中國大陸的民主示範」，則我國不僅不需要在軍事採購上過度投資，同時還可以透過民主機制，凝聚朝野共識，在美國的支持下，推動兩岸的和解，以避免台海爆發軍事衝突。

目前，陳水扁政府傾向於積極爭取，成為美國「圍堵中共戰略前沿」的角色，並企圖以六一〇八億新台幣的軍購案，向美國買門票。國民黨在綜觀國內、外，以及兩岸形勢發展因素後，應妥謀攻守策略，一方面要求扁政府向美國爭取「軍事援助」，以節省巨額的軍購支出；同時，國民黨亦應提出「建設台灣成為和平演變中國大陸民主示範」的藍圖與願景，做為爭取「兩岸三邊」主流民意支持的核心價值。

備忘錄一八三

# 中共「和平崛起論」的始末

時間：二〇〇四年十月三日

十月二日，英國的「經濟學人」週刊指出，中國大陸十三億人口整合力量蓄勢待發，或許不到十年，就會成為世界最大的進出口國家，有一天可能會取代美國成為世界最大的經濟體。隨著中國大陸經濟實力的迅速成長，「中國能否和平崛起」，也成為美國學術界的熱門話題。根據「美國之音」的報導，美國前任國家安全顧問布里辛斯基表示，中國大陸今後將會逐漸超越日本，在亞洲地區擴張影響力；但是除非大陸和美國之間發生嚴重的衝突，否則大陸應該可以透過和平的方式崛起。不過，另外有位重量級的芝加哥大學教授米夏默爾（John Mearsheimer）卻認為，中國大陸的強大是對美國「最可怕的威脅」，因為作為世界唯一區域霸權的美國，將無法容許另一個國家成為區域霸權，換言之，「中」美兩國注定要進行一場危險而激烈的競賽；因此，如果大陸維持目前經濟增長速度，美國將與大陸進行激烈的競爭，同時，包括日本、印度在內的亞洲國家將和美國一起對大陸進行圍堵。儘管各界分析人士對大陸是否能夠和平崛起有不同的看法，但是多數的觀察人士普遍認為，由於中國經濟實力不斷上升，大陸將在二〇二〇年以前取代日本，成為東亞地區最具有影響力的國家；但是，他們也提出警告表示，如果中共無法妥善處理經濟發展所帶來的種種社會問題，並採取民族主義的方式轉移民眾對共產黨領導的不滿，這將會增加中共對外擴張的可能性，並為大陸的和平崛起增添變數。今年九月下旬，美國史坦佛大學胡佛研究所發行的「中國領導人觀察」（China Leadership Monitor, No.12），即刊登一篇由前任白宮國安會亞洲部門資深主任蘇葆立（Robert L. Suettinger）所撰寫的專論，針對中共的「和平崛起論」，提出深入的剖析，其要點如下述：

第一：「中國的和平崛起」首次被公開正式的提出，是在二〇〇三年十一月的博鰲論壇中，由前任中共中央黨校副校長鄭必堅所發表。隨後，胡錦濤與溫家寶在二〇〇三年的十二月間，即以「和平崛起」為論述主軸，相繼發表公開的外交政策演說，強調中國大陸將採取「和平崛起」的政策路線。然而，在二〇〇四年的年初，中共中央政治局常委會的成員，以及軍委會主席江澤民，在內部的會議中表示，「和平崛起論」將會限制大陸整體的發展策略，甚至對於處理「台灣問題」的措施，也將產生不必要的牽制與困擾，因此，中共中央高層決定，自二〇〇四年四月開始，即不再由高層領導人士發表有關「和平崛起」的論述。二〇〇四年四月二十四日，胡錦濤在博鰲論壇上，即只提及「和平發展」，而沒有再特別強調「和平崛起」的觀念。

第二：二〇〇四年三月的第十屆全國人大中，溫家寶曾經在記者會上表示，「中國的和平崛起論」，有五項要義包括：（一）運用世界和平環境來推動大陸的發展，同時也透過大陸的發展保障世界和平；（二）和平崛起必須依靠自己的力量與獨立奮鬥；（三）和平崛起必須在經濟改革開放政策及繼續強化國際經貿交流的環境中推動；（四）和平崛起必須要經過幾代人的努力；（五）和平崛起將不會限制其他國家的發展，也不會威脅其他國家，或者以犧牲特定國家為代價。不過，溫家寶的發言，在經過大陸媒體與學術界的公開討論後，卻逐漸地發展出不同程度的疑慮，包括中國社會科學院的王逸舟和王輯思，以及中國人民大學的時殷弘等人士，都提出不同的看法。尤其是有部份人士強調，「和平崛起論」和中共處理「台灣問題」的政策基調，有相互矛盾之處。換言之，如果台灣宣佈獨立，或者美國以軍事手段介入台海問題，則中共勢將無法再按「和平崛起論」的思維來處理台灣問題。

第三：「和平崛起論」提出之後，雖然胡錦濤及溫家寶都曾經公開表示支持，但是隨後的質疑與批評亦接踵而至。有部份批評人士認為，和平崛起仍然需要有強大的武力來嚇阻台獨，但是，公開強調不放棄以武力手段來處理台灣問題，顯然又與「和平崛起論」的核心思維不搭調；此外，也有部份的批評人士認為，胡錦濤與溫家寶提出「和平崛起論」，已經踩到江澤民的地盤，讓江澤民感到不悅。換言之，「和平崛起論」的退潮正表示江澤民的勢力仍然相當可觀。整體而言，自二〇〇三年十一月到二〇〇四年四月間，「和平崛起論」的始末已經反映出，中共中央的權力結構仍然是處於，「民主集中制」的集體領導。此外，當反對者以「台灣問題」做為挑戰「和平崛起論」的具體理由時，從其受到重視的程度，亦可以發現美「中」關係及中共與東亞的互動，仍然受到「台灣問題」的牽制。

備忘錄一八四

# 陳水扁政府的挑戰與困境

時間：二〇〇四年十月五日

十月三日，陳水扁在出席大陸台商協會幹部秋節聯誼餐會時透露，他在國慶日將有重要談話，包括對中共「五一七聲明」的回應。由於中共當局曾經在五二〇前夕發表「五一七聲明」，並針對兩岸關係提出七項主張，包括：「恢復兩岸對話與談判，平等協商，結束敵對狀態，建立軍事互信機制、共同構造兩岸關係和平穩定發展的框架」、「以適當方式保持兩岸密切聯繫，及時磋商解決兩岸關係中衍生的問題」、「通過協商，妥善解決台灣地區在國際上與其身份相適和的活動空間問題，共享中華民族的尊嚴」等訴求，而陳水扁也將在國慶日的談話中，針對建立軍事互信機制、兩岸和平互動架構做出政策回應。不過，在中共所提出的七項主張中，並非沒有任何障礙，而關鍵的分歧仍在大陸方面堅持一中原則的談判前提。雖然中共強調，「未來四年，無論什麼人在台灣當權，只要他們承認世界上只有一個中國，大陸和台灣同屬一個中國，摒棄台獨主張」，兩岸即可展現和平穩定發展的「光明前景」，但是，多數的觀察人士均認為，陳水扁政府持續操作「一邊一國論」，運用國號簡稱和對美軍購等議題，激化兩岸關係，並暴露出其大陸政策缺乏穩定性和一致性的特質。換言之，台海兩岸在此時要找出商談建立軍事互信機制與和平互動架構的基礎，恐怕是相當的困難。今年的六月九日，美國華府的四個重要智庫，包括卡內基國際和平研究所、布魯金斯研究所、戰略與國際問題研究中心，以及史汀森研究中心，聯合主辦一場探討陳水扁政府執政的挑戰與困境研討會，標題為"The Second Chen Administration : A Crisis in the Making?" 並由華府重量級的中國問題專家，包括史文博士（Michael D. Swaine）、卜睿哲博士（Richard C. Bush）、葛來儀女士（Bonnie Glaser），以及容安瀾博士（Alan D. Romberg）等，擔任研討會主講人，分別針對兩岸外交經貿關係、中共對台政策、美國對華政策，以及陳水扁政府的軍事安全政策動向，提出深入的剖析，其要點如下：

第一：陳水扁政府在「五二〇」就職演說中，刻意地想傳達三個訊息包括：（一）向中共及美國表示，其無意在任內推動公投制憲的措施；（二）陳水扁政府對未來兩岸關係的發展，並沒有排斥任何以和平手段解決兩岸問題的模式；（三）陳水扁政府希望大陸當局能夠調整「一個中國原則」的談判前題。此外，陳水扁在就職演說中，沒有再提出「台灣中國、一邊一國」的主張，也向中共當局提出，兩岸必須共同合作，才能夠讓和平穩定的現狀獲得維持。基此，陳水扁政府計劃成立「兩岸和平與發展委員會」，規劃推出「兩岸和平發展綱領」，並希望能加速推動兩岸三通直航的進程，以及建立兩岸的軍事互信機制。

第二：雖然陳水扁政府在「五二〇」就職演說中，避開了「制憲建國時間表」，並以「憲政改造」做為替代品。但是，北京方面對於陳水扁的台獨疑慮，卻沒有任何減少的跡象。因此，中共當局在處理陳水扁政府的態度上，展現出三項特點：（一）運用強硬的高姿態立場，破壞陳水扁政府的政策平衡感，使其疲於奔命，不知所措；（二）結合美國的力量，在國際社會上限制台獨的發展空間；（三）積極主導兩岸互動的議程，運用「五一七聲明」的條件說和發展關係的七項主張，強勢主導兩岸關係發展的內容和步調。現階段，北京方面將等待今年十二月間，台灣的立法委員選舉結果出爐後，再根據台灣內部政黨勢力與生態重組後的形勢，策定一套全面性的對台政策。不過，北京方面仍然認為陳水扁政府接受「一個中國原則」，或者「九二共識」的可能性很低，因此，對於運用彈性措施來改善兩岸關係的機會也不高。

第三：陳水扁政府積極地推動與美國間的軍事合作，並透過大筆支出軍購經費的方式，希望能夠爭取設立「台美軍事協防機制」。不過，陳水扁政府的國防戰略措施，仍然受到重重的限制與困境，而無法有效地施展，其中包括：（一）台灣內部的國家認同分歧日益嚴重，迫使國防戰略的目標無法明確化；（二）國防體系內部的結構改造，仍然面臨巨大的反彈，並導致政府和軍隊內部的對立僵局惡化；（三）由於台灣的財政結構惡化，導致主流民意傾向於節省軍費支出，並要求立法委員對軍購案的支出嚴加把關；（四）北京當局認為，美國在兩岸關係的軍事領域中介入越深，台海的局勢將會越緊張，而台北與北京改善關係的空間與機會，也就相形地變小了。

第四：基本上，陳水扁政府在處理兩岸關係的議題上，有很多先天條件的限制，同時也有許多客觀現實面的困境。不過，隨著兩岸間熱絡頻繁的經貿互動，也確實為解決台灣問題提供了新的機會與基礎。然而，台海兩岸的政治僵局要如何化解，顯然需要結合台北、北京、華府三方面，在政治、經濟、軍事等領域中，尋求最大的共同利益，才有可能在現狀的困境中，找到一條新的出路。

備忘錄一八五

# 美「中」互動關係的最新形勢

時間：二〇〇四年十月二十六日

十月二十五日，美國國務卿鮑爾在北京與中共國家主席胡錦濤、總理溫家寶，以及外長李肇星會談。隨後鮑爾舉行記者會表示，美國已經向台灣當局明確表達不支持台獨的立場；同時，美國的一個中國政策係根據「三公報一法」，多年來行之有效，而此一政策也不會改變；此外，美國要求台海兩岸雙方不要片面行動，避免影響最終結果，即各方都在尋求的和平統一。根據「新華社」報導，中共國家主席胡錦濤與鮑爾會面時指出，當前的台海局勢仍十分複雜敏感，台獨勢力的分裂活動是兩岸關係緊張的根源，也是台海地區和平與穩定的最大威脅。十月二十八日，共軍的總參謀長梁光烈在美國華府，會見國務卿鮑爾和國防部長倫斯斐時表示，中共與美國就有關朝鮮半島核武問題的「六方會談」，以及美「中」的軍事交流合作，將會有更多建設性的發展，此外，梁光烈強調，台灣問題是「中」美關係中最重要、最敏感的核心問題；「中」美兩國兩軍關係能否繼續保持平穩發展，關鍵是要處理好台灣問題。隨後，鮑爾及萊斯亦再度重申，美國的一個中國政策沒有改變，今後也不會改變；國防部長倫斯斐和參謀首長聯席會議主席邁爾斯則強調，近年來美「中」兩軍關係取得重要進展，這符合雙方的利益，同時，美方將與中方一起繼續致力於推動兩軍關係的不斷發展。今年的十月中旬，美國華府智庫「戰略與國際研究中心」，設立在夏威夷的研究機構「太平洋論壇」（Pacific Forum,CSIS），在最新一期的「比較關係電子報」（Comparative Connections）中，發表一篇由葛來儀撰寫的美「中」互動關係的最新形勢分析，題為"Rice Visits Beijing ,but Disappoint Her Hosts"。現謹將內容要點分述如下：

第一：在今年的七月至九月間，美國與中共間的高層人士互訪頻繁，似乎並沒有受到美國總統大選的影響。七月上旬，中共外長李肇星在雅加達的東協區域論壇中，與美國國務卿鮑爾就有關雙方合作，共同執行反恐戰爭、共同處理朝鮮半島核武問題，以及軍售台灣和台灣問題等，進行深度的戰略對話。李肇星在會談中特別強調，中共對於美國是否出力遏制台獨勢力擴張，已經漸失信心，同時並提出警告表示，台海兩岸爆發衝突的危險正在升高當中。隨後，美國國家安全顧問萊斯即前往北京訪問，並有意向中共領導人表明，美國繼續堅持一個中國的政策，同時並試探中共方面對於恢復兩岸協商談判的態度。然而，從中共的角度觀之，萊斯的到訪正好可以讓中共方面有機會，說服美方調整對台的政策，尤其是有關對台軍售的活動，因為，中共方面認為，美國在伊拉克問題上正陷入困境，同時，布希政府有意向美國選民展現其處理東亞政策的能力，尤其是能夠與中共發展建設性的合作關係，以共同處理朝鮮半島的核武危機。換言之，中共方面意圖運用此種形勢，對萊斯提出要求，希望其能夠在對台軍售的重大議題上，做出讓步。然而，當萊斯抵達北京與中共領導人會談之後，雙方幾乎不歡而散。一方面萊斯拒絕了中共所提出「美國停止對台軍售」的要求；另一方面，中共也表示無法接受萊斯建議兩岸復談的條件。不過，基本上，萊斯在北京仍然重申了美國的「一個中國政策」，以及反對兩岸任何一方做出片面改變現狀言行的立場。

第二：七月下旬，美軍太平洋總部司令法戈到大陸訪問，並會見了廣州軍區司令員劉鎮武、共軍總參謀長梁光烈、副總參謀長熊光楷，以及外交部長李肇星。此外，法戈並出席了一場由「中國國際戰略學會」所主辦的座談會，與來自共軍和中共中央黨校的資深研究人士，共同探討朝核問題、美「中」軍事交流合作議題，以及台灣問題。根據與會的中共軍方代表披露，美軍太平洋總部司令法戈，曾經在座談會中強調，倘若中共以武力攻打台灣，美軍太平洋總部將遵照布希總統的命令，以武力協助台灣保衛她自己。對於當時參與座談會的中共人士而言，法戈的發言等於是擺明向中共人士表示，美國不管在何種情況下，都會使用武力來干預台海地區的軍事衝突。這位與會人士強調，法戈當時的發言，引起在場與會人士高度的震憾。

第三：中共方面對於美國總統大選可能出現的結果，已經展開「兩手準備」，並公開的表示其將靜待選舉結果出爐，而不作事前選邊的表態。基本上，中共當局對於布希總統的熟悉度較高，並認為雙方間的默契和政策的可預測性也較強。不過，中共方面也認為，美國民主黨的政府對於發展飛彈防禦體系的興趣較低，因此，對於支持台灣與美國的軍事合作關係，也將會採取降溫的動作。此外，中國大陸的一些知識份子認為，民主黨的凱瑞若勝選，將會對促進中國大陸政治體制改革，和推動政治自由化的活動，較感興趣。

備忘錄一八六

# 台海兩岸互動關係的最新形勢

時間：二〇〇四年十月二十九日

今年九月下旬，中共軍機出現「大編隊」的出海動作，而且還曾經在陳水扁視察澎湖時，飛臨澎湖海域，甚至出現「雷達鎖定」總統專機的不友善動作。至於中共軍機的活動，是否與「斬首行動」的演練有關，已經引起關切台海形勢變化人士的討論。目前，中共軍方正加緊實施─控制海岸線五百海浬內的絕對控制權─的戰略任務訓練；中共海軍的北海、東海、南海三大艦隊，亦展開「超強度」遠程操練，以因應美國航空母艦介入台海情勢的狀況；另中共的戰略導彈部隊也正在積極的規劃，如何有效的運用「戰術性核武」，以達成「阻美奪台」的目標。基本上，中共軍方已經下定決心，集中資源以加速發展「高技術條件下局部戰爭」的作戰能力。在這項戰略思維的指導之下，共軍強調「首戰即決戰」的概念，並積極發展「斬首行動」的戰力，和相關配套的心理戰、輿論戰，以及法律戰的能量，企圖以「最低的代價」，有效延阻美軍介入台海戰事，讓中共能夠遂行其解決台灣問題的政治目標。目前有不少華府智庫界的人士認為，中共軍力的發展對於美軍在西太平洋地區，尤其是在台灣海峽的軍事應變計劃而言，勢必會造成結構性的衝擊，甚至可能為美國對台海兩岸政策的重大轉變，提供具體的刺激因素。十月二十八日，共軍總參謀長梁光烈在美國華府，會見國務卿鮑爾和國防部長倫斯斐時，再度的重申「中」美兩軍關係能否繼續保持平穩發展，關鍵是要處理好「台灣問題」。換言之，共軍近期間在台海地區的動作頻頻，顯然是向美方表示，倘若美國不能有效遏制台獨，中共也只有運用自己的力量與方式，提前解決「台灣問題」。今年十月中旬，美國華府智庫「戰略與國際研究中心」，設在夏威夷的「太平洋論壇」（Pacific Forum, CSIS），即在其「比較關係電子報」（Comparative Connections）中，發表一篇由布朗博士（David G. Brown）所撰寫，題為"Unproductive Military Posturing"的分析報告，針對最近的台海兩岸互動情勢，提出深入的剖析，現謹將要點分述如下：

第一：現階段的台海兩岸關係，雖然仍舊呈現經貿互動熱絡，而政治僵局難解的特質。但是，今年的夏秋之季，台海兩岸的互動形勢卻有濃厚的軍事味。日前，中共軍方積極的宣傳，其在東山島所進行的軍事演習，是一項大規模並具有針對性的行動，同時，中共領導人又企圖乘美「中」關係趨向緊密合作的氣氛下，要求美國停止對台灣出售先進的軍事裝備，並降低美台軍事交流的質量；在美國方面，其不但在國防大學的國家戰略研究所，積極進行台海地區軍事應變計劃的模擬演練，同時亦強力要求台北當局加速執行對美軍購的措施；與此同時，台北的執政當局針對兩岸互動關係和美「中」台的三邊關係，亦提出相當激烈的政策言論，包括「飛彈打上海」、「恐怖平衡論」、「發展核武論」，以及「攻擊大陸十大城市和三峽大壩」

等主張，此外，台北方面對於執行對美軍購案的進度，仍陷在朝野對峙，主流民意不支持，以及政府財政能力困窘的艱難處境。對於陳水扁政府而言，現階段的台海兩岸關係，已經複雜到令其難以負荷的地步。更何況，現在在位的幾位政府領導人，似乎都已經感受到「斬首行動」的心理威脅。

第二：就有關兩岸通航的議題方面，中共方面的態度已經顯露出趨緊的政策動向。今年七月，國台辦副主任王在希表示，只要台灣方面接受「國內航線」的條件，兩岸可以立即進行直航談判。王在希的發言已經從原來由錢其琛所提出的「兩岸航線」，倒退了許多。隨後在今年的八月間，陳水扁公開的表示，台灣方面就有關兩岸直航的議題，已經做好了準備，只要大陸方面同意以「兩岸航線」，做為談判直航的基礎，兩岸直航的協商談判隨時可以進行。不過，中共方面對於陳水扁所提出的主張，卻沒有發表任何正面的回應。

第三：今年九月間，聯合國大會再度否決了台灣申請加入聯合國的提案。在此之前，台灣週邊的一些國家，包括澳大利亞和新加坡等，都公開的表示，台灣當局尋求「台灣獨立」的政策是一項嚴重的錯誤。澳大利亞外長唐寧更進一步指出，如果台灣遭到中共的攻擊，澳大利亞將不會支援美國出兵防衛台灣。此外，新加坡總理李顯龍亦強調，新加坡不會支持台灣與中共發生衝突，同時其並認為台獨的政策與行動將嚴重破壞亞太地區的和平與穩定。對於東協國家而言，台灣與大陸之間的政治關係陷入緊張狀態時，他們都不歡迎台灣的政治人物到訪。

第四：現階段的台海兩岸互動關係，有越來越重視軍事性議題的傾向，而這種現象也反映出兩岸間政治關係的惡化。對於美國而言，如何維持台海兩岸不做出片面改變現狀言行的難度，也將會越來越高。

備忘錄一八七

# 民進黨操作「軍購案」的策略思維

時間：二〇〇四年十一月十日

十一月九日，立法院程序委員會將再度表決，是否要把「軍事採購條例草案」付委審查。由於「對美軍購案」和「六一〇八億軍購特別預算案」，已經成為今年底立委選舉的重大議題，而在藍綠兩軍攻防的政治板塊中，也明顯的出現濁水溪以北地區，反對「六一〇八億軍購案」，但濁水溪以南地區卻較支持「對美軍購案」的民意趨向，對於志在鞏固國會多數席次的藍軍而言，其不僅要在濁水溪以北地區保持優勢，同時也必須在濁水溪以南地區開拓票源並擴大版圖。因此，如何妥善審慎的規畫出一套「贏的策略」，並且能在「六一〇八億軍購特別預算案」和「軍購條例草案付委案」中，為藍軍的立委候選人爭取到最有利的戰略位置，則是藍軍領導人責無旁貸的任務。

民進黨的游錫堃表示，在野黨不應在立法院程序委員會中杯葛軍購特別預算案，而應該到立法院院會中理性討論。據游錫堃的發言要旨觀之，綠軍已經把「軍購條例草案付委」和「六一〇八億軍購特別預算案」綁在一起，並刻意強調，反「軍購條例草案付委」，就等於是「反軍購」，而「反軍購」就是「賣台」，也就是「中共的同路人」。與此同時，民進黨籍陸委會主委吳釗燮，更刻意突顯中共對台的軍事威脅，來增加「六一〇八億軍購特別預算案」的正當性，並強調「不支持軍購」就是「不愛台灣」。

綜觀民進黨的論述與操作策略，其完成漠視造成台海緊張情勢的真正原因，更忽略了政府財政結構惡化的客觀事實，以及布希總統勝選連任後，美國與中共將朝向建設性合作關係發展的趨勢。換言之，美國於二〇〇一年四月決定「對台軍售案」的戰略基礎，在二〇〇四年十一月八日時，已經有具體而明顯的改變。顯然，民進黨政府執意推動「六一〇八位軍購特別預算案」，並企圖把「軍購案」和「軍購條例草案付委案」綁在一起操作，純粹是為了在立委大選時，刻意強調「反軍購是中國那邊的人」、「支持軍購是台灣這邊的人」，所以，藍軍是「賣台的中共同路人」。

對於藍軍而言，既然民進黨把「六一〇八億軍購特別預算案」和「軍購條例草案付委」綁在一起，當成扣藍軍「紅帽子」的工具，則藍軍可以考慮要求民進黨立刻撤回「六一〇八億軍購特別預算案」，做為同意「軍購條例草案付委」的協商條件，並讓藍軍站在更有利於爭取台灣主流民意的戰略位置。

備忘錄一八八

# 中共與歐盟軍售關係的發展趨勢

時間：二〇〇四年十一月十八日

十一月十七日，歐洲議會投票表決通過，繼續維持歐盟對中共實施武器禁運的決定，並在通過的決議文中指出，對中共武器禁運的政策應該持續，一直到歐盟提出一套武器出口限制管理規定；此外，歐盟議會亦表示，關於武器禁運的議題，還將會在今年十二月間，於布魯塞爾舉行的歐盟峰會上，再次地被提出來進一步討論。隨後，中共外交部發言人章啟月強調，武器禁運問題是冷戰的產物，這個決定和今天中共與歐盟良好及全面發展的關係是不相適應的，因此中共方面希望歐盟能夠認真考慮中方的要求。與此同時，加拿大的「漢和防務評論」報導指出，在中共的要求壓力下，俄羅斯國防部決定出售最新型的S－三〇〇地對空導彈，以及新一批的蘇愷三十型殲擊轟炸機給中共。此外，「漢和評論」認為，俄羅斯考慮到中共與歐盟的軍售關係，在未來將可能會出現重大變化，因此，決定進一步放寬對中共武器出售的質量；不過，在軍事技術轉移生產方面，俄羅斯仍然會保持慎重的態度，因為，其基於自身的長遠國家安全和對美國關係的需要，仍將會限制對中共出售戰略轟炸機、核潛艦、航空母艦等關鍵性的製造技術。今年的九月三十日，美國華府重要智庫「戰略與國際研究中心」（ＣＳＩＳ），發

表一份題為"The United States, The European Union, And Lifting The Arms Embargo on China"的研究報告，針對中共與歐盟軍售關係的發展趨勢，提出深入淺出的剖析，現謹將要點分述如下：

第一：歐盟倘若在尚未取得與美國的共識之前，片面地取消對中共的武器禁運措施，將會嚴重地破壞美國與歐盟間的雙邊關係，因為，美國方面將據此而判定，歐盟已經不再支持美國的全球安全戰略佈局。不過歐盟方面對於解除對中共的武器禁運政策，卻有很強大的誘因，其中包括：（一）歐盟與中共的建設性合作關係將更加密切，並可此創造出雙邊合作在全球佈局中的共同利益；（二）歐盟可以平衡美國對中共的疑慮，並打破中共在全球戰略佈局中的孤立形勢；（三）歐盟可以和中共發展戰略性的對話關係，並形成牽制美國獨霸的新格局；（四）歐盟可以擴大與中共的經貿互動，並爭取到中國大陸多項基礎建設的商機；（五）歐盟的國防工業可以在解禁後，成為中共軍方的重要軍售合作夥伴。目前，在歐盟中的德、法兩個主要國家，堅決主張取消對中共的武器禁運措施，但是以英國為主的一些國家，則認為有必要先與美國取得共識之後，再規劃一套武器出口的管制規定，並據此與中共發展軍售合作關係。

第二：整體而言，美國對中共的武器禁運政策是由國內法來規範，但是，歐盟對中共的武器禁運措施，則只是一項聲明而不是法律，此外，歐盟成員國間，對於「武器」的界定也有不同的範圍。例如，英國雖然支持對中共的武器禁運政策，但是卻仍然繼續提供中共航空電子儀器設備和雷達的技術轉移，因為，英國基於本身的利益考量，不主張把這些設備和技術列為

「武器」；此外，歐盟國家聯合發展的「伽利略計劃」衛星導航體系，亦歡迎中共的參與合作。這項重大的衛星導航系統建構工程，具有高度的軍事價值，甚至會衝擊到美國與中共的軍事平衡格局，但卻可以不受武器禁運措施的規範。

第三：歐盟國家對於考慮取消對中共武器禁運的措施，基本上，有三個關鍵性的考量包括：（一）在全球安全戰略佈局上，歐盟可以透過取消武器禁運，來強化與中共的戰略互動，進而建立制衡美國力量的戰略夥伴關係；（二）在經貿利益的考量上，歐盟可以運用取消武器禁運的措施，來強化歐盟與中共間的經貿交流合作，並協助歐盟國家的跨國企業，爭取到中國大陸更多的商機。由於歐元對美元大幅升值，影響到歐洲產品在中國大陸市場的競爭力，因此，歐盟有意透過更多的軍售關係，來補償經貿利益上的損失；（三）在開拓國防工業市場商機上，歐盟認為，取消對中共的武器禁運，將會為歐盟的國防工業，創造巨大的市場。由於歐盟的武器性能比俄羅斯為佳，因此，一旦武器禁運的限制解除，歐盟國家的軍火工業，將可以快速的取代俄羅斯，成為中共軍事裝備和技術的主要供應來源。

第四：目前，就多數的歐盟成員國而言，美國要求禁運武器給中共的正當性理由，已經明顯的下滑；同時，多數的成員國也認為，取消對中共的武器禁運措施，也只是遲早的問題。不過，現階段，歐盟國家正積極的在研究，如何讓取消對中共的武器禁運，不會造成美國與歐盟關係的緊張惡化。

備忘錄一八九

# 中共對美「中」互動關係的期待

時間：二〇〇四年十一月二十一日

十一月二十日，中共國家主席胡錦濤與美國總統布希，在智利參加亞太經合會（APEC）非正式領袖會議，並進行雙邊高峰會談。胡錦濤在會後的共同記者會上表示，布希總統堅持一個中國政策、遵守三個聯合公報，以及反對台獨，他對此表示讚賞；同時，胡錦濤要求布希不要對台灣發出錯誤訊息，而布希則強調，美國不會對台灣發出不一致的訊息。根據外電報導，在這一次的「布胡峰會」中，美方提出的首要議題，是直接要求中共全力協助解決朝鮮半島核武危機，並希望雙方能夠在反恐戰爭上加強合作；至於中共方面則是再度的闡述其對「台灣問題」的立場，並企圖把解決朝鮮半島問題的「六方會談」，與美國對台軍售議題掛勾。隨後，美國國務卿鮑爾在同一天下午的記者會上指出，布希總統的「一個中國」政策，是以三個公報和台灣關係法為基礎；台灣關係法是美國國內法，布希總統不支持任何片面改變現狀的行動；同時，鮑爾並呼籲中共在針對台灣的飛彈部署上必須節制。基本上，布希與胡錦濤在這一次的峰會上，都把重點放在如何強化美國與中共雙方，就有關亞太安全戰略、經貿互動合作，以及共同執行反恐戰爭的重大議題等，進行深度的對話。雖然，現階段美國與中共的互動關係，已經明顯地朝向複雜而多元化的特質發展；同時，雙方間的合作性議題，也都有日益強化的實質內涵。但是，中共對於布希政府憑藉其優勢的軍力，遂行其「單邊帝國主義」的政策，仍然充滿疑懼與不安；此外，中共方面對於美國明顯增加支持台灣的動作，包括雙方的軍事合作等，隨時都會保持高度的警戒。今年十一月十一日，美國華府重要智庫「詹姆士城基金會」（The Jamestown Foundation），即發表三篇專論，包括：“China Policy under The Next Bush Administration”、“Beijing Pushes For Gains After Bush Reelection”，以及“China’s Hopes and Fears For the Next Four Years”等，針對中共對美「中」互動關係的期待，提出深入的剖析，現謹將要點分述如下：

第一：布希政府連任成功，對中共而言可以說是一件好消息。因為，中共可以試圖與布希政府，共同合作建立一個長期穩定的美「中」互動架構。此外，由於共和黨在這一次的參眾兩院期中改選，也同時成為參眾兩院的多數黨。換言之，布希政府在規劃執行其「中國政策」時，也將較不會受到美國國內政治的牽制。不過，中共方面仍然擔心，布希政府在未來的四年，是否會遂行其「單邊帝國主義」的政策路線，或者是採取「多邊主義的協商路線」，仍然有待觀察。

第二：就有關美國的對台政策路線，中共方面希望美國能夠堅守布希總統在二〇〇三年十二月九日的發言，並以國務卿鮑爾於今年十一月間，在北京訪問時所發表的政策主張為基礎，繼續地與北京方面，共同合作防範台海局勢失控。然而，中共方面對於美國對台軍售的議題，仍認為這將是雙方互動關係中，重大的分歧利益。此外，中共方面對於美「中」雙邊的軍事交流合作，以及美「中」的雙邊經貿互動合作議題，也期望能夠有進一步的發展，並讓雙方互動的實質內涵，有更加豐富的交流成果。

第三：目前，中共外事領導小組，針對美國將如何處理伊朗的問題，正進行密切的研究與關注。今年十一月上旬，中共的國家石油公司與伊朗國營的石油公司，簽訂了一項長達三十年，價值將近七百億美元的石油供應合約。由於現階段的石油價格不斷地上漲，對於大量仰賴石油進口的中國大陸而言，勢必會形成生產成本增加的壓力，並具體影響經濟成長的速度。因此，中共對於伊朗的穩定與否，以及其與美國關係的變化，已經越來越表示關切，並期望美國在處理伊朗問題時，能夠與中共方面取得一定程度的溝通與默契。

第四：雖然，現階段美國與中共之間，就有關朝鮮半島核武危機問題、雙邊經貿交流、共同執行反恐戰爭的安全合作、共同執行打擊販毒、走私、犯罪，以及共同防阻大量毀滅性武器擴散的合作等議題，都有具體的建設性互動成果。但是，中共的中央外事領導小組和情報部門，對於美軍在夏威夷、關島，以及琉球等地區，正積極進行的各項戰略性武器部署，亦顯露出高度的重視。此外，中共方面也將以靈活的「大國外交」策略，加強與俄羅斯、歐盟，以及南美洲的巴西、智利，和阿根廷等國家，進行強化雙邊互動關係的措施。與此同時，中共方面向美國表達強烈的意願，希望能夠就北韓、伊朗、蘇丹等地區的議題，與美國結合成為真正的戰略夥伴，以共同維護該地區的和平與穩定。

備忘錄一九〇

# 美國操作「兩岸牌」的戰略動向

時間：二〇〇四年十一月二十八日

十一月二十七日，陳水扁與李登輝在共同參加「台灣新憲法的研討會」上，公開主張「催生新憲法」，並再度提出二〇〇六年公投制憲，以及二〇〇八年五月二十日實施台灣新憲法的時間表。隨後，國民黨主席連戰先生針對陳、李的發言，直接強調，陳水扁有膽量為台獨努力的話，不用等到二千零六年或二千零八年，現在就提出「台獨公投」，讓全民做個決定，讓大家在中華民國和台灣共和國之間做個選擇，「不要閃躲」。

目前，陳水扁為首的民進黨人士認為，台灣的主流民意傾向於在維持政治自主性的基礎上，與中國大陸發展建設性的經貿互動關係；中共當局雖然表明台獨意味戰爭，但是面對美國的優勢軍力，亦有所顧忌；布希政府與美國國會多數人士雖然堅持「一個中國政策」，並表明不支持台灣獨立，但仍認為兩岸維持分裂態勢，有利於美國在西太平洋的戰略佈局。因此，近數月以來，民進黨與台聯黨人士相繼拋出「一邊一國論」、「去中國化論」、「台灣正名論」，以及「公投制憲論」等政治訴求，以為爭取年底立委選舉過半累積籌碼。然而，就在民進黨政府這種選舉掛帥，台獨意識型態治國的狀況下，台灣綜合實力卻明顯的衰退。

整體而言，現階段對美國繼續維持台海地區和平與穩定的最大挑戰在於，美國如何保持嚇阻中共犯台的優越軍事能力，並防範民進黨方面祭出公投制憲的冒進行動，同時美國還可以在此動態平衡的基礎上，擴大與中共發展多面向的建設性合作關係。近日以來，美國方面透過多種管道，明確的告知民進黨政府，有關美國處理台海問題的底線。同時，其亦勸告陳水扁政府應把更多精力放在提升經濟競爭力的議題上。畢竟台灣的經濟實力越弱，其能與中共協商談判的籌碼與信心也就越單薄。換言之，美國方面已經開始認真評估，台灣在面對綜合國力日益崛起的中共時，其配合美國維持台海「動態平衡」的基礎能力，是否已經逐漸的衰退。基本上，美國在處理兩岸關係議題時，其主要策略是運用「不統不獨不武」的形勢，並站在戰略制高點上操作「兩岸矛盾」，以從中獲取戰略利益。一旦，美國方面認為台灣的整體形勢，已經構成其獲取戰略利益的「障礙」或「包袱」時，其將會調整策略並向中共方面傾斜，屆時，陳水扁也將會發現，制憲台獨要付出的真正代價為何。

備忘錄一九一

# 現階段中共國防戰略的剖析

時間：二〇〇四年十二月五日

十二月三日，美國「華盛頓時報」引述美國國防部官員消息指出，中共最新型洲際戰略核動力潛艦「〇九四」型已經下水，並將配備巨浪二型潛射洲際彈導飛彈，預計在一、兩年內完成服役準備；「〇九四」型潛艦正式服役後，勢將會對台海局勢和美軍在亞太地區的軍力部署形成衝擊，並明顯地增加美軍協防台灣的困難度。十一月三十日，日本NHK電視台播出由日本航空自衛隊拍攝下的畫面，內容顯示中共至少早在去年十一月就曾派出海軍偵察機，偵察日本自衛隊和美軍第七艦隊的聯合演習情形，而今年以來類似這樣的軍機偵察活動越來越多。多數的軍事專家認為，中共軍方早已很熟悉日本艦艇的相關外觀和基本資料，低空飛過除了可能是在執行收集船艦雷達訊號等情報蒐集功能外，也可能是向美日兩國展示「我也可用此空域」的訊息，而此也正是中共在落實擴張海洋權力戰略的一部份。今年十一月二十四日，美國華府重要智庫「詹姆士城基金會」（The Jamestown Foundation），連續發佈三篇剖析中共國防戰略發展動向的分析文章，其中包括："China's Emerging National Defense Strategy"，"Civil-Military Integration and Chinese Military Modernization"，以及"Submarine Incursion Sets Sino-

Japanese Relations on Edge”。現謹將三篇專論的要點分述如下：

第一：中共的國防戰略演進，隨著整體經濟實力和科技能力的同步提升，已經逐步發展出，能夠運用機械化和信息化的功能，建立數位化、智能化的系統整合平台，使各項武器都能結合資訊化的功能，發揮整合性的作用，並有效地達成戰略性的目標。目前，中共軍方認為，其所準備執行的對台作戰計劃，是高度政治性的行為，因此，發揮信息化作戰平台的「軟殺」，最能夠達到不戰而屈人之兵的效果。此外，在現階段中共的國防戰略發展重點中，也特別重視「飛彈戰」的功能。中共軍方認為，飛彈戰的內涵包括彈導飛彈和巡弋飛彈，而其戰力的特性是把戰場帶到敵國的領土內，同時可以降低本國軍隊與敵國軍隊直接接觸的比重。換言之，「飛彈戰」的功能，不僅可以禦敵於國門之外，同時還可以擴大政治性談判的縱深，並增加政治性解決措施的籌碼。

第二：中共軍方為積極建構部署新國防戰略的能力，除了加速從俄羅斯、歐盟、以色列，以及日本等國家，引進相關的技術和裝備外，同時還在內部發展「軍─民合作」的軍工複合機制，整合科技民族主義、政府部門、軍工部門，以及民間高科技企業部門，共同研發生產新國防戰略所需要的硬體和硬體配備，其中包括：微電子技術、太空系統工程、新材料技術、火箭和飛機推進器技術、飛彈技術、雷腦輔助製造技術、信息軟體產業等。此外，共軍為能夠有效執行新國防戰略中的海權發展計劃，更集中資源從日本、德國，以及南韓，引進新的造船技術，自行研發生產六艘新型的柴電動力潛艦和三艘飛彈驅逐艦。

第三：就有關資訊戰的領域方面，中共軍方正積極地結合包括華為集團、中芯集團、聯想集團、方正集團，以及巨龍集團等公司，共同合作發展各項執行新國防戰略所需要的戰力。在這些軍工企業合作的方案中，共軍已經逐步地建立自主性的軍事通訊網絡，並且能夠運用光纖技術、衛星無線通訊技術、微波技術、長距離高頻收音系統，以及地區性電腦網路系統等，做為執行「飛彈戰」、「資訊戰」，以及發揮系統化和數位化作戰的效能。

第四：根據日本防衛廳對中共軍力評估的研究報告顯示，在二〇〇九年之後，台海兩岸軍力的動態平衡，將快速地往中共方面傾斜，而台灣也將會面臨來自中共直接的軍事威脅；同時，日本方面擔憂來自中共威脅的程度，也將會越來越高，而其中的主要內容包括：（一）軍事武力的擴張；（二）環境惡化與污染；（三）酸雨的破壞；（四）潛在核電廠意外事件的威脅；（四）人口過度膨脹的威脅……等。因此，日本防衛廳也積極的規劃新的「防衛計劃大綱」，並將研發攻擊地面的長程精密彈導飛彈計劃，列入其中。一旦，日本進行長程彈導飛彈的部署，即意味日本具有攻擊敵國導彈基地的能力。今年十月間，日本首相小泉純一郎的顧問小組建言表示，日本應考慮是否改變長久以來反對使用武力的政策，發展對外國飛彈發動先制攻擊的戰力。隨著日本出現要求調整國防戰略的聲浪日益高漲，再加上日本與中共的關係有日漸傾向惡化的跡象，中共的國防戰略也出現更加複雜的內涵。近日以來，中共潛艦在日本海域積極的活動，其不只是在展現潛艦的戰力，更值得注意的是，中共的新國防戰略中，已經把日本在西太平洋的軍事活動，列為其執行軍事戰略目標的重要變數。

備忘錄一九二

# 剖析中共對大陸的網際網路管制措施

時間：二〇〇四年十二月十日

近日以來，大陸內部消息人士透露，中共中央宣傳部在今年十一月初，發佈正式文件，將北京大學新聞學院副教授焦國標、資深共產黨員李銳、作家王怡、余傑、經濟學家茅于軾，以及長期在湖北省從事農民運動的姚立法等六人，列入黑名單並要求大陸媒體不得報導這些人的言論和行動。此外，消息人士還指出，自從胡錦濤在今年九月間接掌軍權以來，大陸學術圈和媒體界，已經感受到較過去更緊縮的言論尺度，甚至有關「胡不如江」的評語，也逐漸在大陸的知識界內流傳。北京大學教授焦國標表示，中共控制新聞媒體的方法之一，是將外國記者與大陸人士隔絕；而另一種作法則是對新聞從業人員的控制。目前，大陸各大報紙的主編與社長，都是由中宣部長親自任命，而這些人本身就是政府官員，所以中共仍然可以對媒體言論，加以監控。此外，近年以來，由於網際網路的盛行，在中國大陸登記上網的人數，已經超過七千九百萬人；在都會地區，每三個人就有一個人會上網。因此，中共當局對於網際網路的監控，甚至運用網際網路的特性與功能，來遂行打壓異議人士的措施，也逐漸成為關心大陸政治民主化改革的人士，密切注意的議題。今年十月八日，美國華府重要智庫「傳統基金會」（The Heritage Foundation），即由譚慎格（John J. Tkacik, Jr.），撰寫一篇題為“China’s Orwellian Internet”的分析報告，針對中共當局對大陸的網際網路控制措施，提出深入的探討，其要點如下：

第一：隨著網際網路科技運用的普及化，全中國大陸現在已經有高達七仟九佰萬註冊上網的網民。在國民平均所得高達五仟美元的都會地區，更有約五仟萬人定期使用網際網路。換言之，網際網路已經成為大陸知識階層，傳播訊息、讀取訊息，以及相互溝通的重要媒體與管道。曾經有不少美國人士樂觀的認為，一旦網際網路在中國大陸普及化，其也將會成為推動中國大陸政治民主化的有利工具。但是，就實際的發展狀況觀之，網際網路有逐漸成為中共當局用來控制言論，以及監控異議份子的重要途徑。最近的一、兩年來，中共的公安部即投下鉅資，加速採購各項硬體設備和軟體程式，以有利於監控網際網路的內容。

第二：中共當局透過網際網路，可以找到發出異議言論的網址，並且還可以掌握上網讀取異議言論人士的網址，然後再加以建檔造冊，列為日後追　監控異議份子的基礎資料。此外，中共當局積極的對國際上，各種政治性、宗教性，以及教育性的網站，進行嚴密的防堵措施。根據最近的估計數量，中共當局已經攔阻了將近一萬九仟個國外的網站，以防止大陸地區的網民，從這些國際網站上獲得各項不同的資訊。在二〇〇一年時，中共主管部門與雅虎網站簽訂合約，雙方對網站內容的檢查達成共識，而雅虎也同意將儘量刪除一些政治性、敏感性，以及可能造成對中共政權不利的網站內容；不過，對於另外一個入口網站Google，由於中共主管部門尚未與Google網站簽署合約，因此，在大陸上想運用網際網路上Google的入口網站，都會被轉到大陸地區的入口網站。

第三：中國大陸擁有全世界最密集的網際網路檢查機制。目前，中共的主管部門成立了一個編制員額達到三萬名的網路警察機構，專門從事有關監控全球資訊網內容的工作。以上海市為例，上海的主管部門在全市一仟三佰二十九個網路咖啡店，高達十一萬台的電腦中，都裝上了特殊的軟體，以隨時監控使用者的動向；與此同時，上海市並要求所有使用網咖電腦上網的人士，都必須要提供真實的姓名及身份證號碼，以利主管當局掌握使用網際網路的實況。除了針對網際網路的監控外，中共當局的主管部門在ＳＡＲＳ疫情擴散時，發現行動電話的簡訊，已經成為大陸民眾傳播訊息的重要管道，同時，也是突破中共當局封鎖消息的利器。因此，中共當局在二〇〇三年間，在全大陸成立了二仟八佰個管制中心，針對每年數量高達二仟二佰億則的手機簡訊，進行監控，以防範任何不利中共政權的言論，運用手機簡訊來傳播擴散。

第四：美國政府對於中共當局監控大陸網際網路的措施，有必要提出相應的對策，才不致於讓網際網路的運用，成為中共當局打壓政治異議人士的工具。整體而言，倘若美國仍然認為，促進中國大陸的政治民主化，有利於美國在西太平洋的戰略利益，美國的相關部門就必須採取下列的措施包括：（一）限制「監控網際網路」的技術與產品，對中國大陸出口；（二）加速發展反檢查監控的網路技術，以突破中共當局的監控封鎖措施；（三）成立一個推動「全球網際網路自由化」的辦公室，直接挑戰中共監控言論自由與新聞自由的政策。

備忘錄一九三

# 美軍對共軍戰略動向的研判與對策

時間：二〇〇五年一月十五日

今年一月上旬，中共「解放軍報」指出，廣州軍區已編有一個裝備精良的兩棲機械化師，另外在南京軍區第一集團軍轄下，也有一個機械化師，而這兩支部隊正好布置在台灣島對岸的南北兩端，是未來中共攻台作戰鉗形攻勢的南北兩個重要部署。

根據美軍太平洋總部智庫「亞太安全研究中心」最新的研究報告顯示，共軍已經下定決心，集中資源發展「高技術條件下局部戰爭」的作戰能力。在這項戰略思維的指導下，共軍強調「首戰即決戰」的概念，積極發展「以弱勝強，以小搏大」的戰略戰術，並以延阻美軍介入台海戰事，做為現階段軍事現代化的階段性發展目標。目前有不少美國華府智庫界觀察人士認為，中共軍力的發展對於美軍在西太平洋地區，尤其是台灣海峽的軍事應變計劃而言，勢必會造成結構性的衝擊，甚至可能為美國對台海政策的重大轉變，醞釀關鍵性的刺激因素。

基本上，目前共軍的軍事戰略目標有四項：（一）保衛國家主權與領土完整；（二）遏制台灣獨立；（三）嚇阻美軍介入台海戰局；（四）提升中共在亞太地區的國際威望。在針對台灣方面的軍事準備，中共的戰略規劃傾向於運用恐嚇性的軍力，迫使台灣與大陸進行政治性談判，並要台灣接受中共方面所提出的條件和安排。一旦台灣宣佈獨立，中共方面也可能會在明知美軍在台海地區具有優勢軍力的狀況下，對台灣直接採取軍事行動。

現階段，美國為了達到和平解決台海爭端、避免台海爆發軍事衝突，並迫使美國付出重大代價的戰略目標，已經向北京方面表示，其不支持台灣單方面宣佈法理上獨立的明確立場；同時，美國也向北京當局展現，其擁有優勢軍力可以嚇阻共軍冒然對台動武。不過，北京方面也不甘示弱，並在最近的三個月內，接連地以軍事演習和導彈試射的動作，向美軍強調其粉碎台獨的決心與準備。

整體而言，美國軍方的主流意見認為，台灣問題在沒有獲得妥善處理與解決之前，美國與中共間仍有可能會因彼此的誤判，而陷入對抗性的循環軌道。因此，目前美國對中共進行軍事科技的出口管制措施，以及要求歐盟維持對中共的武器禁運，仍然是具有戰略性價值的堅持；與此同時，美國也必須增加與中共軍方的交流與互動，並藉此溝通的機會，減少彼此誤判的機率。

備忘錄一九四

# 中共的能源安全戰略剖析

時間：二〇〇五年一月十二日

一月十一日，亞洲華爾街日報在一篇專題報導中指出，中國大陸與印度人口加起來幾乎要佔全球人口的一半，近年來這兩個國家為了維護自身的經濟增長，原油需求量倍增，並一直積極地在全球各地尋找可開發的能源資產；自二〇〇〇年以來，印度從事油田股份收購的國營公司，已經花費超過三十五億美元，在全球各地尋求能源供應渠道。不過，他們卻面臨中國大陸極大的競爭壓力，因為從敘利亞、安哥拉、俄羅斯、蘇丹一直到南美洲，不斷的傳出中共以更優渥條件，擊敗印度獲得長期石油供應合約。根據美國能源資訊局的統計顯示，二〇〇〇年時，中國大陸每天要消耗四百七十八萬桶原油；到二〇二〇年時，中國大陸每天預計要消耗一千零五十萬桶原油，並且將取代日本成為僅次於美國的原油消耗國；此外，估計中國大陸到二〇二〇年時，仰賴進口的原油比例將高達百分之六十以上；美國普林斯頓大學的專家即表示，東亞地區的國家為了確保能源供應的安全，極可能會演變成激烈的軍備競賽，甚至爆發爭奪能源的軍事衝突。目前中國大陸原油進口的主要地區包括伊朗、阿曼、葉門，以及沙烏地阿拉伯。但是中共當局為分散海外能源供應地區，正積極地與印尼、澳大利亞、委內瑞拉、秘魯、伊拉克、蘇丹、阿塞巴疆、哈薩克斯坦等國家，進行能源共同開發的合作計劃。倘若這些計劃都能夠順利的進行，中共估計將可掌握二十七億桶左右的海外石油儲備量。二〇〇四年十二月中旬，位在美國西雅圖的「國家亞洲研究局」，就在其發佈的年度「戰略亞洲」報告中，刊登一篇題為“Asia’s Energy Insecurity：Cooperation or Conflict?”的專論，並針對中共的能源安全戰略，提出深入的剖析，其要點如下述：

第一：隨著中國大陸經濟的快速發展，其對於各項能源的需求量也急遽地增加。中共當局為了確保長期持續穩定的能源供給，並維持整體經濟的健康發展，已經把能源安全戰略列為「頭等大事」來看待。近年以來，世界能源的短缺和價格的變動，已經成為限制經濟發展的重要因素。目前，中國大陸的原油有三分之一要靠進口，到二〇三〇年則將攀升到百分之八十；二〇二五年時，百分之四十的天然氣供應量要靠進口；二〇一五年開始中國大陸將需要進口煤；二〇二〇年時，中國大陸將運轉二十四到三十二個核電站，以提供部份的電力供應來源。

第二：中共積極地向境外地區尋求能源，除了為因應能源需求面遽增的客觀現實，其同時也兼顧三項戰略性因素的考量：（一）防範全球性能源供給的突然中斷，造成能源短缺危機和價格快速竄升，進而導致生產成本高漲，甚至經濟活動停頓的重創；（二）防範中國大陸的經濟發展進程，受到中東局勢變動，或者受到中亞或非洲政局不穩的衝擊；（三）防範中國大陸的能源供應來源，受到美國的控制。由於美國在中東地區和重要的能源生產地區，均扮演軍事性的主導地位，同時，美國也在重要的能源運輸線上，部署強大的海軍，因此，中共必須要分散能源供給來源，以避免被美國牽制與挾持。

第三：中共現階段所推行的能源安全措施包括：（一）加強與現有能源供應國及地區的雙邊互動合作關係，並積極發展不同的能源運輸網絡，以分散能源供應的風險；（二）運用三家國營石油能源公司，積極在世界各地併購石油和能源公司，並與相關國家或公司合作開採能源；（三）運用長期合約或直接投資的商業互動模式，與能源出口國建立長期的能源供給關係；（四）透過外交關係的手段，以政治、軍事、外交的利益，換取能源出口國與中國大陸的長期能源供應合約；（五）運用強勢的主權聲明，對潛藏豐富能源資源的沿海、邊界，以及海域等地區，積極進行能源的開發；（六）效法西方工業國家及日韓的模式，在二〇〇四年開始建立「戰略石油儲備」的機制，以增強本身對於石油能源供應出現緊張時的反應能力。

第四：美國中情局在二〇〇一年初發佈的「二〇一五年全球趨勢報告」指出，中國大陸自一九九三年開始已經成為石油能源的進口國，預計未來中國大陸的經濟成長，其依賴進口能源的比例將快速攀升，而此趨勢也將會牽動中共整體軍事安全戰略部署的動向，因為，中共如何確保自中東，經由印度洋、麻六甲海峽、南海、台灣海峽，到大陸東岸的航線安全，以維持穩定的石油能源供給，勢必將成為其國防戰略的重要課題。此外，亞太地區的主要國家包括日本、南韓、印度等，都需要靠進口的能源來發展經濟，一旦中國大陸為發展經濟而大幅增加能源的進口，其恐將會導致亞太國家，為爭奪能源而產生緊張衝突的局面。

備忘錄一九五

# 中共的國際安全戰略剖析

時間：二〇〇五年一月十六日

一月十四日，日本朝日新聞以頭版報導指出，鑑於中共近來軍力快速擴張，美國與日本在進行戰略對話時，將以「台海有事」作為主要考量，並把抑制中共軍力列為兩國的「共同戰略目標」；此外，朝日新聞表示，現階段雖然美日還未明確的把中共視為「軍事威脅」對象，但將來卻不能排除這種可能性，因此，兩國開始探索一旦中共軍力增強與採取敵對戰略時的對應之道。隨著中共海空軍戰力的逐步提升，中共當前所認定的三項重要的國家安全戰略性任務，已經對亞太安全格局構成深遠的影響：第一項就是有關「祖國統一」的議題，中共不僅把解決「台灣問題」視為民族主義問題，同時也將其視為「國家安全」問題；第二項是鞏固並開拓中共在東海及南中國海的政治、經濟、軍事利益；第三項戰略性任務，就是要維持並強化中共對東北亞及東南亞國家的影響力。從中共當局的國際安全戰略思維邏輯推論，中共將會把美國在亞太地區的駐軍及其與各國的軍事合作關係，視為其解決「台海問題」，以及取得海疆戰略縱深優勢的障礙；美國與日本也將因中共在亞太地區的軍力和影響力日益強化，而備感不安。二〇〇四年十二月中旬，位在美國西雅圖的智庫「國家亞洲研究局」（The National Bureau of

Asian Research），在其發佈的 "Strategic Asia 2004-05: Confronting Terrorism in The Pursuit of Power" 專書中，刊登一篇由史文博士（Michael D. Swaine）所撰寫，題為 "China: Exploiting a Strategic Opening" 的研究報告，即針對中共的「國際安全戰略」，提出深入的剖析，其要點如下：

第一：現階段中共對其內外戰略環境的評估，有四項特點包括：（一）世界強國之間爆發大規模軍事衝突的可能性不高，但是區域性的局部衝突仍然難免。整體而言，「和平與發展」是當前世界格局的主軸，不過，在中國大陸的週邊地區，仍有爆發種族、領土或其他衝突的危險；（二）國際安全戰略的格局已經從冷戰時期的「兩極對抗」，轉變成後冷戰時期的「一超多強」格局。中共在新的格局中雖然與美國發展出合作性的共同利益，但是雙方間仍然存有意識形態、政治性、歷史性，以及戰略性的疑慮和矛盾；（三）隨著中國大陸推動外向型的經濟發展，中共對其海岸線和航運線的安全性，已經有所警覺，同時其對於出口市場、外資、技術，以及原物料的依賴，也明顯地增加。與此同時，中國大陸隨著其與亞洲國家間經貿互動關係的頻繁與密切，也自然的增加了其在亞太地區的影響力。目前，中國大陸已經成為多數亞洲國家的首要出口市場；（四）中國大陸的人民隨著經濟的發展與成長，已經培養出更具有自信心的「愛國主義」，同時也讓中共政權藉此政績鞏固其正當性。然而，對於中國大陸內部這種日益強化的國家民族主義，美國及亞洲諸國也開始憂慮其本身的利益與安全，是否將會受到中國崛起的威脅。

第二：中共當局在面對新的內外戰略環境變化之際，已經把國家安全戰略目標鎖定在：

（一）維持經濟成長水準、增進對外的政治外交影響力，以及繼續提升軍事實力；（二）積極尋求西方主要國家的理解，以避免形成圍堵中國的不利局面，同時在亞洲地區也要防範，被以美國為首的軍事安全架構所牽制。中共當局為了要達成前述兩項戰略目標，已經具體地採取下述的措施包括：（一）積極發展與世界上的大國，以及亞洲的主要國家，建立良性互惠的政治外交關係（二）運用區域性的多邊機制，向週邊國家及世界主要國家強調，中國大陸的成長與發展將不會威脅他們的安全與利益，例如，中共已經積極地與南韓、日本、東協國家、印度、俄羅斯，以及中亞國家等，強化雙邊性和多邊性的經貿互動。

第三：「九一一恐怖攻擊事件」促使美國調整其對中共的戰略，同時也為雙方發展建設性合作關係，創造出共同利益的基礎。中共當局認為，穩定的中美關係有助於遏制台獨勢力的發展，並讓時間站在北京這一邊。同時，中共方面認為，美國公開表態不支持台獨，反而讓北京能夠用更大的耐心和彈性空間來處理台灣問題。不過，中共方面現在也開始在思考，當美國的反恐戰爭逐漸進入尾聲時，美國與中共的共同利益基礎是否會鬆動呢？美國與中共在處理台灣問題的默契是否會出現變化呢？與此同時，中共方面亦注意到了美國與台北之間的軍事合作，在近期間出現相當具體的進展，而美國與日本的軍事同盟關係，也不斷地出現質量的強化措施。對此種種發展，中共方面仍然深具戒心，同時也對美國方面揚言倡議的「美中亞太雙贏策略」，不敢抱持過度樂觀的期待。

備忘錄一九六

# 兩岸包機直航的政治經濟分析

時間：二〇〇五年二月十七日

二月十六日，陳水扁在出席台商新春聯誼餐會時表示，希望兩岸能夠在春節包機的基礎上，進一步推動兩岸貨運包機。隨後，台灣電機電子同業公會理事長許勝雄指出，初步估算，兩岸貨運包機直航後，每年可為台商省下新台幣壹仟億元的人事貨品轉運成本，對企業界影響重大，將是兩岸互惠雙贏的做法。與此同時，中共民航總局台港澳辦公室主任浦照洲亦強調，兩岸包機的推動是三通的一個過程，只要台灣方面不設置障礙，兩岸業者在技術上是不存在任何問題，而大陸業者也願意參與經營兩岸貨運包機業務；此外，浦照洲並表示，對於兩岸協商貨運包機，則可以考慮採取春節包機「澳門協商」的談判模式。不過，現階段多數的觀察人士都認為，三月間將出爐的「反分裂國家法」內容，是兩岸貨運包機成行與否的關鍵。因此，美國副國務卿佐立克在參議院外交關係委員會的提名聽證會上表示，最近兩岸在通航方面採取了一些正面步驟，他希望雙方繼續朝正面方向進行，同時，佐立克強調，美國鼓勵兩岸對話，不希望因為「反分裂國家法」的立法行為，造成兩岸朝負面的方向發展。今年的二月上旬，美國華府重要智庫「戰略與國際研究中心」（CSIS），在夏威夷的附屬機構「太平洋論壇」

（Pacific Forum CSIS），連續發表三篇分析文章，分別針對兩岸春節包機和中共的「反分裂國家法」等議題，進行深入的剖析其要點如下：

第一：台海兩岸的春節包機直航能夠順利成行，並於一月二十九日至二月二十日間，完成四十八個航班，進行北京、上海、廣州與桃園中正機場和高雄小港機場間的雙向直航，確實是過去五十幾年以來，台海兩岸互動關係的重要里程碑。基本上，這次的春節包機直航之所以能夠順利推動，其主要是受到中美台三方面的結構性因素所牽動。從北京的角度觀之，胡錦濤所主導的對台政策，傾向於由北京主控台海大局的思維，不再採取消極反應或依賴台灣內部的反獨力量，因此，在行動上積極運用北京的優勢與資源，採取多管齊下的方式，一方面與美國建立「反台獨」的統一戰線，另一方面則是加強對台「懷柔與強手段交織運用」的措施，彈性處理通航議題，但是卻在「反台獨」的策略上，祭出明確而具體的「反分裂國家法」；就台北方面而言，陳水扁政府擔憂兩岸直航將會衝擊「台灣意識」的凝聚，造成其權力基礎的瓦解，但是，陳水扁政府同時又受到來自美國的要求與壓力，以及台灣內部工商企業呼籲開放直航的訴求，只好配合演出包機直航的戲碼。然而，陳水扁政府也藉此妥協的機會，向美國方面提出「國防安全」的支持承諾；從美國的角度觀之，兩岸恢復建設性的對話，並進一步實行直航三通的互動，對於降低台海的緊張形勢，以及減輕美國在台海地區的負擔，確實有具體而正面的作用。因此，美國在這次兩岸春節包機直航的議題上，積極地扮演促進者與保證者的雙重角色。

第二：雖然兩岸春節包機直航已經順利成行，但是，兩岸雙方顯然還沒有準備好，要如何來推動進一步的互動措施。陳水扁政府必須不斷地向台灣的中間選民及美國政府，展現出其有能力處理兩岸問題，但是，今年三月間北京將立法通過的「反分裂國家法」，卻對陳水扁政府造成巨大的壓力和不確定感。倘若北京所祭出的「反分裂國家法」，對台獨基本教義人士構成直接的威脅，其勢必也將會促使台獨人士，轉而向陳水扁施加壓力，並要求陳水扁揚棄新中間路線，回到「公投制憲建國」的軌道。屆時，兩岸間藉春節包機直航所營造的和緩氣氛，勢必將化為無有，而雙方之間的政治僵局，恐會更趨惡化。

第三：整體而言，北京方面在去年三月台北總統選舉結束後，即決定要採取「先發制人」的強勢主導措施，來處理兩岸關係。同時，北京方面認為，其必須要靠自己的力量來主導大局，並靈活的運用包括美國、台灣內部的在野黨，以及民進黨內部的矛盾勢力，進而達成「反獨促統」的目標。因此，北京方面認為，「反分裂國家法」可以牽制美國的「台灣關係法」，以及台灣的「公投法」，進而化被動為主動，創造對北京有利的形勢。至於兩岸春節包機直航，以及後續的貨運包機直航等，則是北京在台海新形勢佈局中，彈性運用的工具而已。換言之，北京方面評估認為陳水扁既無法處理基本教義派，又無法向中間選民及美國提出拒絕三通的理由之際，正是北京方面可以祭出彈性措施的最佳時機，因為北京可以藉此向各方人士展現主控大局的實力。

備忘錄一九七

# 中共與歐盟的戰略互動剖析

時間：二〇〇五年二月二十一日

二月二十日，美國總統布希抵達歐洲進行訪問，試圖修好美國與歐洲自伊拉克戰爭以來嫌隙頻生的關係，讓雙方在重大國際問題的立場上，能夠保持一致。在此之前，美國參議院繼眾議院一面倒的反對歐盟解除對中共武器禁運後，亦提案表達同樣的觀點，並希望布希總統在訪問歐洲時，能夠明確重申美國反對歐盟解除對中共的武器禁運措施。不過，中共方面顯然無視於美國的態度，仍舊積極的遊說歐盟解除對中共軍售禁令。據報導指出，歐盟準備解除對中共的武器出口禁令，將會是布希總統與歐盟首腦會談的重要議題之一；中共國台辦主任陳雲林在二月十七日，於比利時首都布魯塞爾與歐盟負責外交和安全事務代表索拉納會談，企圖降低歐盟對解除軍售禁令的疑慮，因為美國反對歐盟解除禁令的理由之一，就是強調歐盟向中共出售武器，將會影響兩岸的軍事平衡。隨後，歐盟資深官員索拉納表示，歐盟對中共軍售與否，是政治性的決定而不是軍事問題；歐盟會在武器出口上制定適當的規範，而他有信心歐盟和美國將能夠在此問題上達成諒解。去年九月間，美國華府的中國問題專家沈大偉博士（David Shambaugh），在「當代歷史」（CURRENT HISTORY）中，發表一篇題為"China and Europe:

The Emerging Axis" 的專論，深入地剖析中共與歐盟的戰略互動發展實況，而其中所突顯的變化特質，則是向世人透露美國、歐盟，與中共的三邊關係，將會發展出新的世界事務軸心，同時也將為美國加強與日本鞏固雙邊的戰略夥伴關係，提供了更具體的理由。現謹將全文的要點分述如下：

第一：在世界事務的大格局中，中共與歐盟的互動關係，將會開拓出新的主軸，而且其對世界事務格局的影響力，也將會越來越大。近年以來，歐盟國家與中共的互動頻繁，其具體的進展包括：（一）自一九七八年至二〇〇三年，雙邊的貿易總額增加四十倍，達到一千三佰五十億歐元，同時，歐盟國家對中國大陸的投資總額也超過三佰伍十億歐元；（二）歐盟國家是中國大陸最大的科技和製造設備的供應者，另外，歐盟國家與中共間簽訂多項技術開發合作協定，包括伽利略衛星導航計劃，以及「歐盟—中國架構計劃」（EU-China Framework Program）；（三）在政治領域中，中共領導人胡錦濤及溫家寶相繼在二〇〇四年間訪問歐盟國家，同時，歐盟主席和歐盟國家的領導人，也相繼地到北京訪問，而雙方定期在北京及布魯賽爾，舉辦的「歐盟—中國高峰會議」，亦能就雙邊實質關係的發展，提出多項具體的合作協定；（四）在軍事戰略領域中，中共與英國和法國海軍，共同舉行海上救援的聯合操演，同時，英國的軍事單位亦開始代訓共軍的維和部隊，而德國、法國、英國的軍事院校，亦接受共軍的軍官前往進行深造教育，此外，中共於二〇〇三年間，已經開始提議準備與北大西洋公約組織進行對話。

第二：促進中共與歐盟關係發展的結構性因素包括：（一）冷戰結束後，美蘇對抗的格局已不在，而歐洲國家也沒有必要對中共採取敵對的立場；（二）歐盟與中共的互動沒有台灣因素的干擾；（三）歐盟在東亞地區沒有真正關鍵性的軍事戰略利益；（四）歐盟與中共在共同面對美國時，具有明顯的共同利益；（五）歐盟與中共在經濟互動中的互補性越來越大；（六）歐盟的整體發展戰略中，有意要強化與中共的合作，進而形成新的世界事務格局。

第三：歐盟在強化與中共發展戰略性互動的具體措施包括：（一）在國際性的多邊組織中，加強吸引中共的參與，進而增強中共參與國際性合作的信心與責任；（二）加強歐盟與中共間的雙邊互動合作項目；（三）增強中共解決大陸內部各項發展問題的能力與資源。

第四：整體而言，歐盟與中共間的戰略性互動，已經贏得了中國人民的好感，同時，歐盟國家對於解除對中共武器禁運措施的共識性，也在雙邊具體而實質性的合作大有進展的背景下，有明顯增強的趨勢。目前，歐盟認為軍售解禁的議題，牽涉到中共與歐盟關係、歐盟與美國關係，以及歐盟內部關係的敏感性與複雜性。不過，歐盟國家顯然已經傾向於在強化與中共的戰略關係，以及繼續維持與美國的互動關係間，尋求一個平衡點。因此，歐盟在軍售解禁措施上，將會發展出整套的措施，包括：（一）發表政治聲明，表示將強化歐盟與中共的戰略夥伴關係，並共同維持世界的和平穩定；（二）發表「軍售行為準則」，藉以具體強調，歐盟將會在軍售的項目上有所取捨；（三）在歐盟國家內部建立針對中共軍售的內規，並列舉「攻擊性」和「防禦性」的軍事科技和武器，讓歐盟國家在對中共的軍售活動中，能夠儘量採取一致的立場與原則。

備忘錄一九八

# 布希政府的對華政策剖析

時間：二〇〇五年二月二十三日

二月十六日，美國國務卿萊斯女士在眾議院的聽證會上強調，美國和中共的關係是建設性的；美國和中共在朝鮮半島非核化，以及反恐戰爭等方面進行合作，但是亦關切中國大陸的民主及人權問題；此外，布希政府的策略是儘可能讓中共進入世界貿易組織等具有約束力的國際組織，以期透過國際組織來約束中共的行為，並促使其往符合國際規範的方向轉變。隨後，美國國務院的資深官員向媒體表示，二〇〇四年十月間，胡錦濤與布希在智利的亞太經合會會談時，曾經就有關美國與中共針對國際重大問題，建立雙邊對話機制的議題，進行深度的討論。目前，美國方面已經原則同意，為「世界超強」的美國與「亞洲新興勢力」的中共之間，建立「戰略對話」的機制，因為中共擁有破壞區域性和全球穩定的潛力，也同時具有促進亞太地區和全球穩定的能力。不過，自二月二十一日美國與日本共同發佈「美日安保新宣言」的內容之後，中共方面再度加深對美國操作「兩手策略」的疑慮，並且認為美國在亞太地區，仍然繼續執行以「美日軍事同盟」為主軸的「圍堵政策」。今年的二月下旬，美軍太平洋總部的智庫「亞太安全研究中心」（Asia-Pacific Center for Security Studies），連續發表三篇研究報告包括：

"China's Rise in Asia: Promises, Prospects and Implication for the United States"、"China and the Unites States 2004-05: Testy Partnership Faces Taiwan Challenge"，以及"Asia-Pacific Missile Defense Cooperation and the United States 2004-2005: A Mixed Bag"等。這三篇研究報告針對布希政府對華政策的內涵與動向，提出深度的剖析，其要點如下：

第一：布希政府的對華政策並沒有把中共視為敵人，而是建立在一個平衡的原則上，一方面與中共發展對雙方都有利的重要項目，尤其是在反恐怖主義活動、反核生化武器及彈導飛彈的擴散、朝鮮半島問題，以及經貿互動議題等。至於雙方仍有爭議的問題，則是以直接而坦白的態度，繼續保持協商的措施，其中包括：人權問題、武器擴散，以及軍售台灣的項目。儘管布希政府認為中共未來十年內都將不是美國的競爭對手，但是，美國對於中共積極發展彈導飛彈的能力，亦深具戒心，並把此項議題納入「美日軍事同盟」的軍事戰略部署架構之中，同時，美軍也已經增加其在亞太地區的核潛艦嚇阻能力，以防範西太平洋地區，包括台海地區在內，爆發嚴重的軍事衝突。

第二：目前，布希政府不認為美國與中共之間的全面性衝突是必然的趨勢，其判斷的理由包括：（一）中共經濟的發展形勢已促使政治領導階層，必須正視深化改革開放的必要性，同時，中共對美國市場及投資者的需要，也將更加的殷切，並導致其願意進入多邊性的國際經貿架構與規範；（二）中國大陸隨著經濟發展的速度與程度，也將面對社會多元化及政治民主化的壓力，因此，中共的領導者將會更加忙碌於處理內部的新挑戰，同時，中共更需要一個和諧的國際環境，包括維持與美國之間的和緩良性互動關係。

第三：布希政府在亞太地區將以積極的政策措施，加強與日本和中共互動，其主要的工作重點包括兩個面向：（一）結合日本和中共的力量，鼓勵台灣問題朝向和平解決的目標努力，而朝鮮半島的兩國能夠和平共存；（二）促使日本及中共瞭解，為維持亞太地區的穩定，日本和中共都有必要分擔部份的成本，而雙方積極地與美國政策配合，將可創造三方在亞太地區的共同利益。此外，就有關布希政府在亞太地區積極推動的飛彈防禦合作議題，並未如預期般順利，而其中的障礙因素包括：預算的限制、技術轉移的限制、武器擴散的顧慮，以及中共強烈反對美國在日本及台灣擴散彈導飛彈等。不過，中共方面持續增加針對台灣的短程彈導飛彈數量，同時並強化針對日本和美國的中程及長程彈導飛彈部署，卻讓布希政府積極地在亞太地區發展彈導飛彈防禦合作計劃，獲得了強而力的正當性基礎。

第四：整體而言，亞太地區的多數國家都不願意被迫在美國與中共間選邊站，因此，就長期而言，美國對中共的圍堵政策將很難受到亞洲國家的歡迎。但是，中共在亞太地區影響力的擴張，仍將會受到美國在亞太地區成功政策的牽制。例如，布希政府近日以來不斷地強調，「反對台海兩岸任何一方片面改變現狀」的策略，即受到多數亞洲國家的歡迎，也讓美國能夠繼續地維持其在亞太地區的領導地位。不過，美國方面亦瞭解到，中共方面目前願意接受台海以「維持現狀」的形勢存在，並不表示中共不想「統一台灣」。對於中共而言，所謂「現狀」就是表示等待「統一台灣」的時機到來。

備忘錄一九九

# 美國對中共軍力發展的評估

時間：二〇〇五年三月六日

三月五日，大陸總理溫家寶在「全國人大」會議中指出，今年中共的國防預算為人民幣二千四百七十七億元，相當於三佰億美金，較去年增長百分之十二點六。不過，根據多數西方觀察研究機構的估計，中共實際的國防支出比公佈的數字多兩到三倍，而未公佈的軍費通常用在不公開的武器裝備採購；對於中共增加軍費並積極對外軍購，尤其是自歐洲取得先進武器裝備，已經引發美國的戒心。美國參議院外交委員會主席魯加鄭重表示，如果歐盟對中共軍售解禁，美國也將禁止許多高科技材料及產品輸出到歐洲。現階段，中共的國家戰略仍是以維持國內政局的穩定，以及保持和諧的國際周邊環境為主軸，而中共軍力的持續發展，雖然帶來了「中國威脅論」的疑慮，但是，在「反恐戰爭」的考量下，卻也為中共創造了國際合作的戰略性機會之窗；與此同時，中共的領導人認為，以美國為首的西方世界國家，仍然沒有放棄遏制中國發展的思維與部署，尤其是從美國和歐盟仍然限制出口高科技產品和軍事裝備給中國的政策，即可明顯地瞭解到，西方國家與中共之間的互動，尤其是在軍事安全的要害關係上，仍然是處在「既合作又競爭」的大架構中。今年的二月十六日，美國中央情報局局長高斯（Porter J. Goss）在參議院情報委員會，提出一份題為“Global Intelligence Challenge 2005:Meeting Long-term Challenges with a Long-term Strategy”的報告；同時，國防情報局局長賈柯比（Lowell E. Jacoby），亦發表一篇“Current and Projected National Security Threats to the United States”的專題分析；隨後，在二月十七日，美國國防部主管國防政策的次長費斯（Douglas J. Feith），亦在紐約的重要智庫「外交關係協會」（Council on Foreign Relations），發表專題演講。三位美國官方的重要人士均針對中共軍力的發展動向，提出深度的剖析，現謹將要點分述如下：

第一：現階段，中共軍方積極發展的武器包括：（一）固態燃料推進的洲際彈導飛彈體系；（二）戰區性和戰略性的巡弋飛彈打擊能力；（三）以衛星為主體的指揮、管制、通訊、資訊、偵察、監控系統，做為資訊戰、電子戰，以及快速反應作戰的主控平台；（四）核動力的攻擊型潛艦和潛射洲際彈導飛彈；（五）運用在電子戰及偵搜功能的無人駕駛飛機；（六）運用衛星導航輔助系統，提升長程、中程和短程的彈導飛彈精準程度。整體而言，中共軍力的發展已經促使台灣海峽的動態平衡，朝中共方面傾斜，同時，中共的軍力在此地區對美軍所構成的威脅，也在增加當中。此外，美國方面相信，中共方面一旦認定台灣方面正具體地朝永久分離的方向前進，並超越中共所能容忍的界線，其將會運用各種可能的軍事手段予以回應。

第二：中共在彈導飛彈及核武領域的發展，已經登上一個新的台階。目前，中共軍方正積極發展三項戰略性的核子武器包括：（一）東風三十一型的洲際彈導飛彈、東風三十一A型的車載可移動式洲際彈導飛彈，以及巨浪二型的潛射洲際彈導飛彈。到二〇一五年左右，中共方面可以攻擊美國本土的洲際彈導飛彈數量，將會是現有數量的好幾倍。此外，中共所發展的短程及中程彈導飛彈技術，亦有關鍵性的突破，而且正式部署的數量也在快速的增加當中。在二〇〇四年，中共軍方針對台灣新部署的短程和中程彈導飛彈數量仍持續增加，同時，中共的飛彈對於嚇阻美軍及盟軍介入台海戰事的威脅程度，亦日趨顯著。

第三：中共軍方的權力結構在新軍事戰略構想的指導下，已經出現具體的轉變。共軍的空軍、海軍，以及戰略導彈部隊的司令員，都已經成為中央軍委會的成員，此顯示中共軍方正朝發展「聯合作戰能力」的方向前進。此外，中共軍方對於巡弋飛彈的發展，似乎投入相當大的資源。美國軍方研判，到二〇一五年間，中共軍方將擁有數百枚精準的空射和陸射型巡弋飛彈，此外，共軍正透過自行研發及外購的方式，積極建立攻艦巡弋飛彈的能力。這種攻艦巡弋飛彈將可以從飛機、陸地、船艦，或潛艦上發射，以攻擊海面上的航空母艦或戰艦。一旦共軍的攻艦巡弋飛彈戰力成形，對於美國海軍而言，將會是相當嚴肅的課題。

第四：美國整體的國防安全戰略利益有四項要素包括：（一）防止大量毀滅性武器擴散；（二）打擊恐怖份子的極端主義；（三）控制「失敗國家」所造成的危險；（四）掌握崛起中重要國家的戰略選擇動向。對於美國而言，中共是現階段仍然繼續以彈導飛彈瞄準其本土的國家，因此，美國有必要密切地掌握瞭解中共的國家安全戰略動向，以及整體的軍力發展程度。此外，美國也必須密切關注共軍持續進口先進武器的系統性整合能力。到目前為止，美國的研究部門研判，共軍在「聯合作戰能力」的整合上，仍然有具體而明顯的瓶頸尚待突破。

備忘錄二〇〇

# 美國與中共互動關係的台灣因素

時間：二〇〇五年三月二十一日

三月二十日，美國國務卿萊斯抵達北京訪問，並與大陸國家主席胡錦濤以及總理溫家寶會面，針對朝核形勢、美「中」貿易逆差問題、智慧財產權問題、歐盟解除對大陸武器禁運問題，人權議題，以及「台灣問題」等，進行深度的對話。萊斯在抵達北京之前，曾經在東京向媒體表示，美國不歡迎台海兩岸任何一方片面改變現狀，同時，台灣的民主可以啟發大陸進一步走向民主開放。在此之前，美國中央情報局局長高斯，於三月十七日的參議院軍事委員會聽證會上指出，台海氣氛原正趨於和解，卻受到兩個不利因素影響，一是中國大陸制定「反分裂國家法」，另一個則是台灣的憲改時程；此外，高斯強調：「如果北京認定台灣是在採行永久分離的步驟，超出北京容忍的限度，我們相信北京準備動用不同程度的武力作為回應」。在同一個聽證會的場合中，美國國防情報局局長賈柯比表示，中共在台灣對岸部署的短程彈導飛彈仍在持續增加，而其同時也增強空軍、海軍、地面部隊的戰力，藉以威嚇台灣，並遏止美軍介入；此外，賈柯比強調：「美國相信，為了遏阻台獨，中共固然在軍事上施壓，但也採行積極的外交及經濟策略；同時，美國認為中共領導人不願與台灣兵戎相見，至少在二〇〇八年北京奧運之前，中共會盡量容忍，但是，如果它覺得必須採取行動以阻止台灣獨立，它會採取軍事行動」。今年的二月下旬，美軍太平洋總部智庫「亞太安全研究中心」（Asia-Pacific Center for Security Studies），發表一篇題為"China and the United States 2004-2005: Testy Partnership Faces Taiwan Challenge"的研究報告；隨後，位在紐約的重要智庫「外交關係協會」（Council on Foreign Relations），亦發表一篇由美國前任國家安全會議亞洲部門資深主任李侃如（Kenneth Lieberthal）所撰寫的專文，題為"Preventing a War Over Taiwan"。兩篇專論均針對美國與中共互動關係的台灣因素，提出深入的剖析，其要點如下：

第一：美國與中共的互動關係，已經明顯地朝向複雜而多元化的特質發展。同時，雙方間的合作性議題，包括共同執行反恐戰爭的安全合作、經貿交流、共同防阻大量毀滅性武器擴散的合作、共同執行打擊販毒、走私人蛇，以及洗錢犯罪活動等，都有日益強化的實質合作內涵。但是，中共方面對於布希政府憑藉其優勢的國力，遂行其「單邊帝國主義」以及強力介入他國內政，例如蘇丹問題等政策措施，卻充滿疑懼與不安；同時，中共方面對於美國明顯增加支持台灣的動作，包括雙方的軍事合作，以及軍售活動等，隨時都保持高度的警戒，並認為這是美日軍事同盟，對中國大陸進行圍堵戰略的重要環節。此外，中共方面對於美國肯定陳水扁就職演說的內容，亦表示強烈的不滿，隨即向美國強調，其將不惜以軍事手段粉碎台獨的決心。美國方面針對中共所提出「停止對台軍售」的要求，則明確地表示，美國的「一個中國政策」沒有改變，同時美國也不支持台灣獨立，更反對兩岸任何一方做出片面改變台海現狀的言行；不過，美方也向中共強調，美國進行對台軍售是因應中共持續增加對台的軍事威脅力量，而且美國根據「台灣關係法」，有義務保持台灣自我防衛的軍事能力。

第二：整體而言，中共方面為極力防堵台獨勢力坐大，卻反而導致台灣更加疏離；台灣方面雖不斷設法走自己的路，但卻得不到美國的支持，同時也失去了北京的信任；至於美國則是夾在中間，台灣希望能夠得到美國的保護，中共則是希望利用美國來約束台灣，同時，美國自己本身的對台海政策，也可能出現相互矛盾的窘境。現階段，北京有很多人士認為，美國其實是鼓勵台灣獨立的，其也藉此理由大量銷售武器給台灣，不過，共軍可以在美國介入之前打敗台灣，倘若美國介入，也可能因為受到重大挫敗而退出；台北有不少人士的看法認為，中國大陸正在致力發展經濟，也致力於政治穩定，同時還要準備辦奧運，因此將會全力避免戰爭，就算中共要攻打台灣，台灣也將會有美國的支持，所以無需擔心；此外，美國政府中有很多官員則強調，美國的「雙重嚇阻」策略，過去有效，未來也仍將有效。這種政策一方面可以嚇阻中共動武，一方面也不讓台灣獨立，同時，美國的軍力強大，即使發生戰爭，美國也可以獲得決定性的勝利。然而，根據實際的狀況觀之，前述的三方看法都存有嚴重的錯誤假設，而其結果可能只有一個，即「美國與中國為了台灣而大戰」。因此，要想避免美「中」為「台灣問題」而開戰，美國應該積極促成台海兩岸簽署「中程協議」，在未來的二、三十年內，台灣不宣佈獨立，而大陸也停止對台灣進行武力威脅；在這段期間內，兩岸討論各種議題，包括軍事安全互信機制、經濟及政治互動、台灣的國際活動空間等，並著手規劃長期互動的架構。

備忘錄二〇一

# 胡錦濤的權力基礎剖析

時間：二〇〇五年三月二十二日

三月二十日，中共國家主席胡錦濤與國務院總理溫家寶，分別在北京的人民大會堂接見美國國務卿萊斯。胡錦濤向來訪的萊斯表示，妥善處理台灣問題，是「中」美關係健康穩定發展的關鍵；希望美方認清台獨本質與危害，信守布希總統多次重申的「一個中國政策」、遵守三個公報、反對台獨的承諾，不向台獨分裂勢力發出任何錯誤信號。隨後，萊斯則向胡錦濤強調：「美國希望看到一個自信、強盛的中國，願以建設性和相互尊重的方式處理雙方的分歧議題，努力加強美中在不同領域的合作」。在談到朝鮮半島核武問題時，萊斯敦促中共領導人發揮重要作用，而胡錦濤則爽快地表示，其願意與各有關國家，共同推動新一輪的「六邊會談」。根據西方觀察人士表示，胡錦濤在處理涉美事務所展現出的自信與成熟，反映出其在中共權力結構的基礎，已經日益的穩固。今年三月中旬，美國史丹福人學胡佛研究所出版的「中國領導人觀察季刊」（China Leadership Monitor），即發表三篇研究報告，包括 "With Hu in Charge, Jiang's at Ease"、"The King is Dead! Long Live the King! The CMC Leadership Transition from Jiang to Hu"，以及 "New Provincial Chiefs : Hu's Groundwork for the 17th Party Congress"，分別針對胡錦濤在黨政、軍事，以及地方等層面的權力基礎，進行深入的剖析，其要點如下：

第一：胡錦濤在二〇〇二年中共十六大時，正式接掌中共總書記的職位，隨後並陸續在二〇〇三年三月出任國家主席、二〇〇四年九月接替江澤民的中共中央軍委主席，以及在二〇〇五年三月登上大陸國家軍委主席的職位。胡錦濤的接班過程展現出，中共權力結構和政治制度的特點包括：（一）中共最高的領導階層，在經過十年的準備與培養過程，終於以和平的程序，順利的完成權力的世代交替；（二）鄧小平所建立的權力接班梯隊，在胡錦濤順利完成接班後，已經樹立了一個新的政治制度；（三）胡錦濤的接班並登上中共中央軍委主席的職位，顯示中共「以黨領政」的文人領導格局，將成為制度性的慣例。此外，從中共中央政治局二十四位委員的代表性，以及九位政治局常委的權力分工架構觀之，胡錦濤在中共的權力結構中，雖仍屬於「協調者」的角色，但是，胡錦濤顯然已經能夠運用政治局集體領導的機制，來處理各項高難度政治、經濟，以及社會問題的挑戰。

第二：胡錦濤在二〇〇四年九月接下中共中央軍委主席的同時，並直接進行軍委成員結構與功能的調整。在新的軍委中，除了三位專業軍人背景的副主席之外，胡錦濤還把總參、總政、總後，和總裝備部的負責人，以及海軍、空軍和二炮（戰略導彈部隊）的司令員，都納入陣容，以共同協調推動中共的軍事事務革新。整體而言，胡錦濤在「黨指揮槍」的權力結構中，已經能夠有效地推動高難度的軍事改革措施，而其中最突出的例證，就是胡錦濤在二〇〇一年至二〇〇三年間，以軍委副主席的身份，積極整頓「軍隊經商」的弊端與包袱，並獲得相當的成效，顯示胡錦濤在軍權的領域中，已經獲得初步鞏固的權力基礎。

第三：胡錦濤在中共十六大正式接班，但其是否能夠做完五年一任的總書記，並在二〇〇七年的中共十七大時續任，然後進一步確立制度化的權力轉移過程，在二〇一二年的中共十八大卸任總書記，並於二〇一四年左右交出軍委主席的職位，則要觀察胡錦濤在省級的權力基礎是否能夠獲得進一步的鞏固。根據本屆中共中央政治局的成員結構分析，有百分之八十三的政治局委員，曾經擔任過省長或省委書記。目前在職的六十四位省級領導中，有十五位是在二〇〇四年任命就職，而其中有九位具「共青團」背景，同時，在新任命的省級領導中具有的特點包括：（一）多數擁有經濟或管理碩士以上的訓練；（二）多數曾經出任過內陸地區的領導職位；（三）多數來自工農兵的家庭背景。此外，胡錦濤亦選拔來自蘇州市的幹部，出任包括河北省、陝西省、山西省，以及遼寧省等，挑戰性高的省政建設發展工作。

第四：整體而言，胡錦濤的領導風格特質包括：（一）推動黨內民主，但拒絕接受西方民主的模式；（二）要求高層領導幹部加強瞭解西方社會的政治、經濟、社會制度；（三）運用集體領導的機制，提升決策的透明化；（四）繼續運用公權力控制媒體與輿論，但亦建立政府發言人機制，以加強溝通；（五）推動軍事現代化的進程；（六）特別強調區域性的經濟平衡發展。根據「瞭望」雜誌所發表的調查資料，在二〇〇四年間，沿海地區八千四佰個鄉鎮的平均收入為二千八佰萬人民幣，但內陸地區的五仟七佰個鄉鎮的平均收入，卻只有四佰八十萬人民幣。此外，在二〇〇三年間，全大陸總共發生五萬九仟次群眾抗議事件，平均每一天有一百六十九次的事件發生。換言之，胡錦濤的權力基礎鞏固，雖然在制度面上有相對的穩定因素，但是在經濟社會面的挑戰，將會是胡錦濤今後鞏固權力基礎的試煉。

備忘錄二〇二

# 中共與日本互動關係的台灣因素

時間：二〇〇五年四月十一日

四月十日，日本外相町村信孝約見中共駐日大使王毅，抗議中共放任北京民眾舉行暴力示威活動，向日本大使館扔擲石塊、水瓶和雞蛋。町村信孝除表達正式抗議外，並要求中共確保日本國民、企業，以及設施的安全。然而，王毅從日本外務省出來後表示，北京沒有縱容這些抗議活動。在此之前，日本政府於四月五日，正式核定新版教科書，並就有關侵華戰爭的內容，同意右翼軍國主義史觀列入其中。據此，中共外交部門代表喬宗淮，緊急約見日本駐北京大使阿南惟茂，並就此向日方提出嚴正交涉。在此期間，台聯黨主席蘇進強跑到日本參拜靖國神社，隨後，民進黨政府的教育部長，竟然公開對蘇進強的行為表示支持，並引發朝野輿論的譁然。頓時，台北、北京、東京三方面，似乎陷入新的政治緊張形勢。三月二十九日，美國華府重要智庫「詹姆士城基金會」（The Jamestown Foundation），發表一篇題為"Taiwan's Role in The Sino-Japanese Rivalry"的分析報告；三月二十三日，英國的「經濟學人雜誌」（The Economist），亦針對中共與日本互動關係的複雜性，提出深入的剖析，現謹將兩篇研究報告的內容，以要點分述如下：

第一：自二〇〇四年開始，中國大陸正式取代美國，成為日本最大的貿易夥伴；在二〇〇二年，日本就已經是中國大陸最大的貿易對象，同時雙方的經貿互動內容，越來越趨向互補性的整合。換言之，中國大陸所生產的物品成功的進入日本的消費市場，而日本的生產製造工具與設備，也成為中國大陸工廠中受歡迎的項目。此外，日本與中共之間，在經貿、金融，與區域安全議題上的「共同利益」，有相當顯著的增加，其中包括，大量買進美國的公債以維持亞洲貨幣匯率的穩定、共同支持雙邊的經貿互動與經濟發展模式，以及共同配合美國的行動，積極促成朝鮮半島的六方會談。不過，日本與中共之間具有「分歧利益」的議題，卻也日趨浮現，而其中最顯著的項目包括：日本與美國在發表的共同安全宣言中，把台灣海峽地區列為雙方安全關切的共同目標、日本對中共國防支出的快速增加（二〇〇五約年達六佰億美元）深表憂慮、日本及中共雙方的高層領導人，已經有多年未進行互訪，此外，日本認為中共在亞洲具有擴張領土的野心，並企圖掌控亞洲的各項資源；與此同時，中共方面認為，有部份日本右翼政要企圖重新殖民台灣，而現階段，日本軍方開始接受台灣的軍官，前往日本參與軍事訓練。

第二：日本與中共之間，在亞洲地區已經形成「既合作又競爭」的格局，同時，雙方在日本爭取成為聯合國安理會常任理事國的議題上，已經出現明顯的衝突與分歧。此外，台灣議題也將會隨著日本與中共關係的複雜化，甚至衝突化的狀態下，成為另一個爭議的焦點。在此其中，「台灣因素」所具有的戰略性價值主要有四項包括：（一）台灣地區控制了日本重要航道的出入口，同時，也是中共發展遠洋海軍所必須要掌握的戰略要衝，因此，日本與美國共同宣佈把台灣海峽列為安全目標，而中共則認為，台灣問題是重要的國家安全議題；（二）台灣在美國的西太平洋戰略佈局中，佔有重要的位置，而其間包括在政治上牽制中共的作用，以及在軍事上形成西太平洋島鏈的重要環節；（三）台灣曾經是日本的殖民地，而目前在台灣執政的政黨，以及推動台灣獨立的政治勢力，其長期以來，均與日本的右翼勢力有相當密切的合作關係。換言之，當台灣內部積極推動去中國化的運動時，卻造成中共方面認為，日本右翼勢力意圖支持台灣的分裂主義者，直接與中國大陸對抗，同時，中共方面強調，日本右翼軍國主義者仍然在推動侵略中國的準備與行動，而其中支持台獨活動，就是整個侵略中國計劃的一部份，因此，北京方面必須要密切的注意日本右翼人士與台獨分裂主義者之間的互動，以有效防阻「台獨勢力」成為影響日本與中共互動合作的障礙因素；（四）台灣與日本的經貿互動關係重要而且密切，但是，台灣與中國大陸的經貿互動與投資關係，亦是與日俱增。換言之，台灣在同時發展對日本及中共的經貿互動過程中，逐漸累積出對日本及對中共的籌碼。不過，當日本決定執行在東海地區，開採天然氣和石油資源的計劃時，其勢必會與中共所堅持的專屬經濟海域範圍發生衝突。在此其中，台灣所處的戰略位置也將會日形重要與敏感。一旦台灣選擇站在日本這一邊，其對中共將會形成相當大的壓力；不過，當台灣選擇站在中共這一邊時，日本也將會在這場資源爭奪戰處於明顯的劣勢。

備忘錄二〇三

# 美國與中共互動的最新形勢

時間：二〇〇五年四月十六日

四月十五日，美國總統布希在「美國新聞編輯人協會」發表演講指出，目前的美「中」互動，正處於一個「非常複雜而良好的關係」（a very complex and good relationship）；同時，布希強調，中共必須採取浮動人民幣匯率的政策，以減輕雙邊貿易的赤字壓力。隨後，美國聯邦貿易代表被提名人波特曼，在二十一日的任命聽證會上表示，如果他出任美國貿易代表，將會立刻下令全盤檢討美國與中國大陸間的所有經貿問題，同時，其也將要求中共履行國際義務、保護智慧財產權、折除貿易壁壘，以及調整人民幣匯率。與此同時，美國國防部官員透露，共軍副總參謀長熊光楷將在四月二十八日，和主管國防政策的助理部長費斯，在華府舉行「中美國防政策磋商」，至於雙方討論的議題則包括：全球反恐、朝核問題、台灣問題、歐盟解除軍售禁令、美日加強軍事戰略同盟、美軍調整全球戰略部署，以及建立美「中」軍方高層的應急熱線電話等。值得特別注意的是，美國國防部助理部長費斯曾經於今年二月，在美國「外交關係協會」發表演講表示，反恐戰爭是美軍在近期必須面臨的挑戰，而中共的崛起則是美軍在制定長期戰略必須正視的重大課題。今年四月十二日，華府智庫「詹姆士城基金會」，發

表一份題為"Beijing's Alarm Over New U.S. Encirclement Conspiracy"的專題報告；隨後，「太平洋論壇」（Pacific Forum CSIS）的「比較關係電子季報」（Comparative Connections）亦發表一篇，由葛來儀（Bonnie S. Glaser）所撰寫的分析文章，題為"Rice Seeks to Caution, Cajole, and Cooperative with Beijing"。兩份美國重要智庫的研究報告，均針對現階段美國與中共互動的最新形勢，提出客觀而深入的剖析，其要點如下：

第一：現階段，觀察美國與中共互動關係的重要指標包括：（一）布希總統的對華政策思維；（二）國務卿萊斯的亞太政策措施；（三）中共當局處理與美國互動的基本態度；（四）中共對美日軍事同盟架構發展的看法；（五）美國商務部對中共要求保障智慧財產權的壓力；（六）美國與中共進行國防政策對話的結果；（七）美國對歐盟施壓，要求暫緩解除武器禁運中共的動向；（八）中共祭出「反分裂國家法」的後續影響；（九）美國對中共要求浮動人民幣匯率的進展；（十）中共戰略性武器發展的進步程度。整體而言，從美國總統在國會演說中，特別強調要把促進中國大陸政治民主化，納入美國外交政策的重要環節，以及國務卿萊斯在亞洲行的多場演講中，一再提及中共仍是一個重要的「不確定因素」等跡象顯示，美國有意對中共採取「多手策略」的措施，以「接觸交往和圍堵」並重的方式，以防範中共勢力的擴張，並破壞美國在亞太地區的重要利益。

第二：美國國務卿萊斯強調，現階段美國在思考與中共的互動關係時，特別要注意的重要議題包括：（一）美國必須密切掌握中共軍力發展的質量與程度，同時隨時確保美國在亞太地區的優勢軍力；（二）美國必須強化與日本和南韓間的軍事同盟關係；（三）美國認為中國大陸可以成為亞洲地區，具有正面建設性的大國，但美國也同時認為中國大陸的成長是挑戰也是機會；（四）台灣問題已經促使美國與中共的互動關係趨向複雜化；（五）美國認為北京當局對於「朝核問題」，可以發揮更具體的影響力與貢獻；（六）美國與中共的經貿問題日益複雜而重要，同時，雙邊的貿易逆差問題，也逐漸成為美國國會的重要話題；（七）美國將持續地就有關政治民主化、人權問題，以及宗教自由等議題，與中共方面進行坦白而直接的對話。

第三：美國與中共就有關「反分裂國家法」的議題，曾經進行多次的高層對話，其中包括中共的賈慶林、唐家璇、陳雲林，以及美國的副國務卿阿米塔吉、副國家安全顧問赫德理、國安會亞洲部門主任葛林，和國務院的東亞事務副助卿薛瑞福等人士。基本上，中共方面認為「反分裂國家法」所要達到的目標，與美國意圖維持台海現狀的結果，具有高度的一致性；同時，美方亦希望陳水扁政府自我克制，不需要對中共的「反分裂國家法」，做出激烈的反應。然而，中共的「反分裂國家法」卻讓美國找到一個說服歐盟，暫緩解除對中共軍售禁令的理由，而歐盟方面也在美國的強烈施壓下，運用中共的「反分裂國家法」為下台階，接受美國的條件，同意暫緩解除對中共的軍售禁令。換言之，美國與中共的互動關係，仍然處在「共同利益」與「分歧利益」交織運用的複雜形勢。北京方面的人士認為，美國利用中共祭出的「反分裂國家法」，壓制了台灣的獨立勢力，同時，也以此為理由，促使歐盟暫緩解除對中共的軍售禁令，讓歐盟與中共無法進一步建立對美國不利的戰略性合作關係，確實是「一石二鳥」的高招。

備忘錄二〇四

# 台海兩岸互動的最新形勢

時間：二〇〇五年四月二十六日

四月二十五日上午，國民黨主席連戰先生在中外記者會上表示，其將率領中國國民黨代表團，前往中國大陸進行和平之旅；同時，其也將會在下午四時左右，與陳水扁通電話以示尊重。陳水扁改變日前強烈質疑連戰「有了中國，就沒有台灣」的態度，反而公開期許連戰為台灣「投石問路」的基礎上，營造兩岸良好的互動氣氛；不過，前總統李登輝則是以嚴厲的語調，強烈批評連宋的大陸行是「甘心做現代版的吳三桂」；至美國對連主席訪問大陸的態度，則是透過國務院發言人艾瑞里表示，美方相當肯定連戰的大陸行，並認為此舉對解決兩岸衝突，「是有益的作法」。據瞭解，連主席曾經向美方代表人士表示，國民黨主張台海維持現狀的政策立場未改變，大陸行不可能與對岸簽署任何協議，但希望能改善兩岸氣氛，若能與對岸取得「不獨不武」的和平框架與共識，中共方面也願意承認兩岸分治的現實，兩岸互動就能打破僵局，降低緊張關係。美方代表在聞言之後，也就對連主席的大陸行，減輕了相當程度的疑慮。對於峰迴路轉卻又詭譎多變的台海情勢，去年四月下旬美國國務院曾經發表一篇 "Overview of U. S. Policy Toward Taiwan" 的政策文件，而今年四月中旬，華府重要智庫「戰略與國際研究中心」在夏威夷的附屬機構「太平洋論壇」（Pacific Forum CSIS），亦發表一份重要的分析報告，題為 "A Little Sunshine through the Clouds" 兩份文件均針對台海兩岸互動的複雜形勢，提出客觀深入的剖析，其要點如下：

第一：目前，至少在表面上，台北、北京和華府三方都有意要維持台海的現狀。但是，問題皀複雜性就出自於，三方面對所謂的「台海現狀」，都有各自不同的詮釋。北京堅持的一個中國原則，把台灣視為中國的一部份，並全力圍堵台灣在國際上，以主權國家的身份出現；台北當局將台灣視為一個主權獨立的國家，同時並積極地推動公民投票的民主方式，進一步確立其主權國家的地位；至於美國所認定的台海現狀，則是強調台海兩岸間的歧見與爭議，必須要以和平的手段來解決，而美國則堅持台海地區，必須保持和平與穩定。整體而言，台北、北京、華府三方面對「台海現狀」都有不同的解讀，而此項認知的分歧與差距，已經明顯地展現在台灣內部政治勢力的角力，並導致台海地區陷入緊張衝突的嚴峻氣氛。

第二：美國政府對於台海兩岸形勢的變化，擁有巨大的戰略利益，因此，美國必須採取積極的態度與明確的立場，而不是採用「放任」的態度，來面對台海地區的緊張情勢。首先，由於有不少民進黨決策人士認為，美國會以軍事行動介入台海衝突，事實上，美國的立場是當「中共無端的攻擊台灣」，美國才會介入。因此，美國政府應阻止民進黨政府挑釁中共；其次，美國應該繼續堅守「一個中國政策」，至於是否協防台灣，美國應該保持模糊策略，不能把台灣當成美國的安全戰略夥伴；最後，美國應該清楚地告訴北京，如果中共無端的以武力攻台，美國將會有軍事上的反應。同時，美國也應告訴台北，任何片面尋求台灣獨立的行為，美國將會制止，因為，美國支持台灣的民主發展，並不等於支持台灣獨立。

第三：以胡錦濤為首的中共對台工作領導小組，自去年祭出「五一七聲明」之後，其對台的「懷柔與強硬手段」交織運用策略，已經逐漸的在發酵當中。在此其中，最值得注意的就是，中共與美國已經就「不支持台獨」的立場上，取得了共識，並且認為此項政策立場，符合雙方的共同利益，也有助於繼續維持台海地區的和平與穩定。隨後，中共方面以通過「反分裂國家法」，把美「中」就有關不支持台獨的共識，加以具體化，並逐步對台北方面釋放出多項的彈性措施與善意，而其中最重要的表態，就是賈慶林在紀念江八點十週年時所發表的講話，以及胡錦濤在三月全國人大所提出的對台政策四點聲明。據瞭解，胡錦濤與賈慶林的講話，隨後便成為北京涉台部門恢復與台北朝野政黨接觸的基礎，而台北的朝野政黨也紛紛展開各項具體的動作，希望能夠取得兩岸破冰的先機，在促進兩岸良性互動的重要議題上得分。換言之，美國方面在瞭解北京領導人的意向之後，也積極地看待台灣的朝野政黨，如何把握契機，恢復兩岸的正常對話。因此，美方曾經要求陳水扁在面對「反分裂國家法」時，要自我克制，以預留與北京恢復對話的空間。隨後的「扁宋會十點共識」，以及胡錦濤的公開談及「扁宋會」，甚至都被美方解讀為「胡扁會」的前兆。然而，當國民黨主席連戰宣佈將赴大陸展開「和平之旅」，並與胡錦濤會談後，台海兩岸互動的形勢，又邁向新的發展。不過，前述種種的發展與變化，均未跳脫美國對華政策的大架構，因為，兩岸恢復對話或積極促進大陸政治民主化，都符合美國在亞太地區的戰略利益。

備忘錄二〇五

# 連戰「和平之旅」獲國際肯定

時間：二〇〇五年五月五日

四月二十六日，國民黨主席連戰先生率領訪問團，啟程前往中國大陸進行「和平之旅」，並於四月二十九日與中共總書記胡錦濤先生，在北京舉行正式會談。會後，連主席與胡總書記共同發佈「兩岸和平發展共同願景」，包括：（一）促進儘速恢復兩岸談判，共謀兩岸人民福祉；（二）促進終止敵對狀態，達成和平協議；（三）促進兩岸經濟全面交流，建立兩岸經濟合作機制；（四）促進協商台灣民眾關心的參與國際活動問題；（五）建立黨對黨定期溝通平台。「連胡會」之後，國內多數民調結果均顯示，有超過百分之五十以上的民眾肯定連主席的表現，並認為「連胡會」對兩岸關係有正面的影響，同時，也有百分之五十以上的民眾認為連主席未出賣台灣利益。五月四日，美國總統布希透過白宮高層官員向連主席表示，其認為此次連主席率團訪問大陸，是成功的歷史性訪問，對促進亞太地區的和平與穩定，產生正面積極的作用。此外，國際上的主要媒體，包括美國的紐約時報、華盛頓郵報、華爾街日報、洛杉磯時報、美國無線電視新聞網、英國的金融時報、英國國家廣播公司、德國之音、日本時報、新加坡海峽時報，以及中共的人民日報英文版等，均以大篇幅的報導和專訪連主席的內容，對此次「和平之旅」給予高度正面的評價與肯定，並認為「連胡會」已為兩岸間將近六十年的敵對狀態劃下句點，同時也為日後的「胡扁會」打開了機會之窗。現謹將國際輿論和美國智庫界人士，針對連主席「和平之旅」所提出的肯定與看法，以要點分述如下：

第一：國民黨主席連戰率團訪問中國大陸，並與中共總書記胡錦濤發佈「兩岸和平發展共同願景」的聲明，已經正式的解開六十年來「國共內戰」的歷史性敵對情結，讓國民黨與共產黨之間的互動，獲得一個新的開始，而且是一個良性互動的起點。根據台灣內部多數民意調查機構所公佈的數字顯示，台灣的主流民意傾向於支持這項「國共和解」的動作，同時，多數的民意也認為此舉有利於台灣與大陸，發展更多建設性的合作關係，包括兩岸直航、經貿互動，以及開放雙方人民自由交流等措施。不過，國民黨是台灣的在野黨，而兩岸之間的各項互動措施，需要兩岸的執政黨直接協商，才能夠產生具體的結果。因此，共產黨與民進黨的互動，甚至胡錦濤與陳水扁的直接會談，自然成為眾所矚目的發展動向。

第二：過去的數年以來，美國華府智庫圈流傳一種說法指出，台灣的民進黨人士積極地向美國行政部門、國會山莊，以及智庫人士強調，民進黨主張兩岸維持分裂狀態的大陸政策，符合美國的亞太戰略利益；一旦台灣由國民黨執政，其所主張的統一政策，將破壞美國在西太平洋的整體利益。然而，在連戰先生成功的展開大陸「和平之旅」後，有不少美方智庫界人士已經開始認真思考，倘若台灣的主流民意選擇與大陸發展實質性的整合措施，這種動向對美國的亞太戰略利益將造成正面的影響或負面的衝擊？目前，有部份人士認為，台海兩岸走向整合對美國有一個相當重要而明顯的好處，就是排除了一個可能把美國捲入軍事衝突的「發火點」，尤其是當台灣內部主張獨立的人士，有意以發展核武做為支持台灣獨立的軍事後盾時，美國認為其將會陷入高度危險的困境。因此，美國應在台海兩岸的政策上堅持「中共不武、台灣不獨」的原則，並逐漸地與北京發展出共同利益的基礎，以防範「台獨核武化」的問題，成為引爆美「中」軍事衝突的「危險變數」。

第三：現階段，陳水扁政府的大陸政策，在面對在野黨綿密的攻勢下，已經出現左支右絀的窘境。民進黨認為，美國對華的政策思維中，仍然傾向於希望台海兩岸繼續對峙，而台灣選擇靠向美國，對美國在西太平洋的戰略佈局有利；因此，只要民進黨政府不斷地強調，台灣最佳的戰略位置是選擇完全加入美國的陣營，以爭取美國的信任與保護，反而可以取得更豐富的籌碼，以繼續與中共週旋。然而，隨著連戰「和平之旅」所創造的新形勢，已經促使美國更加認真的思考與評估，儘管兩岸的實質性整合可能會損害到美國若干的利益，但是相較於消除引爆美「中」軍事衝突的發火點，那些因兩岸整合而導致的不利損失，也可以算是化解戰爭危險的代價，更何況，當多數的台灣民眾願意選擇與中國大陸整合時，美國又如何能夠阻止呢？換言之，布希總統在五月五日與胡錦濤通電話時，直接表示希望胡錦濤能夠開展與陳水扁的互動，正顯示出美國對台海兩岸的政策思維，已經從消極性的圍堵策略，轉變成積極性的促進措施，而連戰先生的「和平之旅」，正式踏出了「歷史性訪問」的第一步，也是關鍵性的一步。

備忘錄二〇六

# 中共在亞洲地位的轉變

時間：二〇〇五年五月七日

五月五日，美國總統布希與中共國家主席胡錦濤互通電話，雙方就有關亞太地區安全形勢、美「中」互動的重要議題，以及台灣問題等，進行高層的「戰略性對話」。根據白宮發言人表示，胡錦濤曾向布希說明台灣反對黨領袖訪問大陸的情形，而布希則希望胡錦濤繼續和陳水扁接觸；此外，中共新華社亦強調，在談到當前台海兩岸的交流時，布希重申美國政府堅持一個中國政策，並希望能夠加強美「中」的經貿互動關係。整體而言，隨著中國大陸的綜合實力不斷地成長，美國方面已經把中共視為其在亞太地區打交道的主要對象，並希望能夠與中共建立長期而穩定的建設性合作關係，以共同維持亞太地區的和平與發展。今年的四月二十二日，美國前任國務院次卿皮克林（Thomas R. Pickering），在華府雷根國際中心舉行的國際會議中，發表一篇題為“Global Trends : Planning for the Future”的專題演講，特別針對中共在亞洲地位的變化，提出客觀中肯的剖析；在此之前，前美國中情局亞洲首席情報官沙特（Robert G. Sutter），亦於今年二月間，在美軍太平洋總部智庫「亞太安全研究中心」（Asia – Pacific Center for Security Studies），發表一篇題為“China's Rise in Asia : Promises, Prospects and

Implications for the United States" 的專論。這兩篇研究報告點出中共在亞洲影響力的變化，並對台灣當局加強「自知之明」，具有重要的參考作用。現謹將內容要點分述如下：

第一：亞太地區擁有超過全世界三分之一以上的人口，並且展現出強勁的經濟成長動力，只要其繼續維持目前的經濟成長率，將會成為下一個世紀中，全世界最大也是最重要的經濟力量。整體而言，亞洲的地緣政治環境將受制於中共政治經濟力量的增長、日本經濟的轉型、印度的成長與變化、台海情勢的演變，以及朝鮮半島緊張情勢發展等重要變數的影響。就有關中國大陸的實際發展狀況評估，目前中共當局較有興趣成為亞太地區的區域性領導者，而不是全球性的強權。目前對中共安全的威脅來源，主要是來自於內部。雖然中共方面不斷地加強軍事能力，以保護其邊境的安全，但中共方面更需要把重點放在財政金融、資訊，以及生態安全的議題，同時也必須在「硬體」建設，包括國民平均所得、基礎建設、生活水準現代化等的提升，以及在「軟體」建設，包括民主機制、法治改革，和開拓人民世界觀等工作上著力。

第二：現階段，中共在亞洲的政治經濟實力已有逐漸取代日本的架勢。但是，其仍然面臨下列的挑戰有待克服，包括：（一）中共與日本擁有密切而活躍的經貿互動，但是雙方在政治上的關係卻日益緊張，而彼此的戰略性疑懼和對立，也日漸的滋長；（二）台海兩岸的互動，在經貿投資上的關係熱絡而密切，但是雙方的政治僵局仍然嚴峻，因此，中共傾向於借重美國的力量，抑制台獨力量的成長，並積極發展嚇阻台獨的軍事力量；（三）中共與俄羅斯的軍事合作關係密切，但是，普丁總統卻同時支持美國的飛彈防禦計劃，並與日本發展密切的石油供應合作關係；（四）中共與印度在二〇〇四年發展出建設性合作關係，但是雙方在邊界問題、巴基斯坦問題、西藏問題，以及南亞領導權問題上，仍然存有諸多分歧利益；（五）中共在朝鮮半島的影響力日益增加，但是，中共對於南北韓的互動，以及雙邊未來發展的動向，仍然欠缺決定性的權力；（六）在南韓和東南亞地區的製造業，仍然把中國大陸視為威脅，因為大陸所生產的低成本產品，已經對南韓和東南亞的同類工廠構成生存性的威脅。

第三：探討中共在亞洲地位的轉變，其中最關鍵的議題是，中共與美國在亞洲地區互動關係的變化。中共的領導人瞭解到，多數的亞洲國家都不願意在美國與中共之間選邊，而是希望美「中」在亞洲地區互相制衡，並從雙邊得利。就中共的策略而言，其傾向於運用技巧性的方式，逐漸的減少美國在亞洲的影響力，但是，對美國的政策立場則是採取建設性的交往策略，以爭取與美國的互動合作。換言之，中共運用「雙贏策略」，一方面與亞洲國家發展密切的建設性合作關係，另一方面也與美國發展密切的互動，進而能夠減低成為亞洲霸權的疑慮，並爭取到美國主流民意的支持。到目前為止，中共對亞洲國家的影響力達到何種程度？其是否能夠促使亞洲國家做出困難的決定，例如在中共與美國之間選邊站等，仍然有待事實的考驗。不過，整體而言，中共在亞洲地區的戰略性影響力，仍然受到美國力量的牽制；同時，在亞洲地區，只有少數的領導人願意接受，由中共來領導亞洲；此外，在亞洲地區的主要國家，包括中共、日本、南北韓、俄羅斯、印度，以及印尼和澳大利亞等，其彼此之間在戰略利益的考量上，仍然存有諸多矛盾。因此，現階段，亞太地區的國家間，將很難凝聚成一股，排斥美國在亞洲繼續領導的力量。

備忘錄二〇七

# 中國大陸經濟發展的障礙因素

時間：二〇〇五年五月二十一日

五月二十日，美國聯邦準備銀行理事會主席葛林斯班表示，他預期中國大陸的人民幣會在「某一個時點」重估，然而，此舉將可能會助長美國的通貨膨脹，而且也無助於削減美國的貿易赤字。在過去的一週以來，美國政府持續對中共施壓，要求北京改變人民幣緊釘美元的貨幣政策，因為去年美國的貿易逆差急遽膨脹到六仟一佰七十億美元，而中國大陸就佔了一仟六佰二十億美元，也創下美國對單一國家貿易逆差的最高紀錄。此外，美國的製造商更抱怨，人民幣匯率傷害美國的出口，是美國工廠就業機會流失的主要原因；由於人民幣被低估達百分之四十，這也造成中國大陸的商品售價在美國市場較便宜，而美國商品在大陸市場相對較貴。隨後，美國更祭出對大陸紡織品進口限制的措施，以進一步對中共施壓。今年的四月十三日，美國華府重要智庫「戰略與國際研究中心」（CSIS），即發表一篇題為"Uncertainties in China's Economic Prospects and The Broader Problem of Global Imbalances"的專論，從國際經濟的宏觀角度，來探討中國大陸經濟發展的不確定因素；另在二〇〇四年七月，外交事務雙月刊（Foreign Affairs, July/August 2004）曾發表一篇"The Myth Behind China's Miracle"的專論，而最新一期的「遠東經濟評論」（Far Eastern

Economic Review），也都針對大陸經濟發展的趨勢，提出深入的剖析，其要點如下：

第一：現階段，中國大陸經濟發展環境出現三項重大的變化包括：（一）全球投資人不再從中國大陸獲取豐厚利潤。以汽車產業為例，從二〇〇二年中到二〇〇四年中，每年的汽車銷售成長速度達到百分之五十。但是到二〇〇五年底，大陸汽車業的轎車產出將達到六百萬部，但是市場的需求量卻只有三百萬部；（二）中國大陸從世界其他地區的進口不再大幅成長。二〇〇三年間，大陸的總進口額以百分之四十的速度增加，但是在二〇〇五年的前半年，中國大陸的國內需求減弱加上過剩產能迅速擴增，使中國大陸對加工的基本原料需求下降；（三）由於中國大陸的出口能力仍然強勁，因此對於半成品等中間產品的進口額，仍有顯著的成長。因此，在未來的十二個月至十八個月間，中國大陸的經濟發展將會出現一些重要的特點包括：企業的毛利率不斷下滑、中國大陸與歐美等國家的貿易緊張關係將加劇，以及人民幣承受升值的壓力會愈來愈重。

第二：從美國的角度觀之，影響美國經濟健康發展的因素包括：世界經濟的不平衡發展有惡化的傾向、石油價格的居高不下，以及高達七仟億美元的貿易赤字無法降低等。在此其中，中國大陸的影響份量也日益增加。現階段，牽制中國大陸經濟發展的因素包括：（一）全球石油市場的供需與價格變化；（二）中國大陸內部對如何「經濟降溫」的政策意見分歧；（三）中國大陸缺少完整配套的財政調控機制，以提高資本市場的運作效率；（四）中國大陸經濟統計數字的可信度仍偏低；（五）現有的十五萬家國有企業經營效率普遍不高；（六）銀行呆帳問題的改善情況不明顯，甚至開始出現消費性信用膨脹與呆帳快速增加的新現象。因此，多數的中國大陸官員仍然認為，儘管目前美國方面已經把人民幣升值的議題，搬上抬面並加速施壓，但是，以現階段中國大陸金融體系的脆弱性和呆帳問題的嚴重性觀之，中國大陸必須要等到二〇〇六年以後，才會認真考慮調整人民幣的匯率政策。

第三：近五年以來，中國大陸以平均每年百分之七以上的經濟成長率，快速的擴大國民生產毛額、累積外匯存底，以及增加國民平均所得。但是，當吾人深入的剖析中國大陸經濟結構的特質卻發現，中國大陸對西方跨國企業的依賴，包括關鍵性技術、資金、出口市場通路等，都相當明顯。同時，中國大陸的國有企業，由於本身缺乏經營績效的客觀評比機制，同時在社會福利包袱沉重的牽制之下，很難發揮提升經濟效率的功能，反而成為惡化金融體系呆帳問題的根源。此外，中國大陸在跨國企業大量湧入的狀況下，已經形成跨國企業在中國大陸建立壟斷性的經營環境，而此趨勢也造成大陸內部自主性的私營企業，面臨更加嚴峻的生存競爭壓力。換言之，中國大陸經濟穩定持續發展的環境，在國有企業的效率不彰、跨國企業壟斷性經營的擴大，以及自主性私營企業生存不易的形勢中，已經出現明顯的不確定因素。然而，北京的領導層想要解決這些經濟發展的障礙因素，更是高難度的挑戰，因為，中國大陸的一黨專政體制，及其權力分配與控制的機制特質，正是提供國有企業績效不彰、跨國企業壟斷經營加劇，以及自主性私營企業無法蓬勃發展的溫床。

備忘錄二〇八

# 中國大陸能源需求擴大的影響

時間：二〇〇五年五月二十五日

根據中共官方的資料顯示，中國大陸在二〇〇五年的國民總產值（GDP），將達到一兆六千億美元，對外貿易總額超過一兆美元，外匯存底總額有六仟二佰億美元，引進外資金額高達六佰五十億美元。美國中情局於二〇〇一年初發佈的「二〇一五年全球趨勢報告」亦指出，倘若中國大陸繼續維持每年百分之七的經濟成長率，其將在二〇一五年左右超過日本，成為亞洲最大的經濟體。不過，近日以來有不少研究機構及專家表示，中國大陸的經濟發展仍然面臨諸多結構性的瓶頸有待克服，其中包括政府財政赤字、銀行體系的呆帳、城鄉貧富差距懸殊、黨官貪污腐敗，以及社會法治不彰等，都可能妨礙大陸經濟的正常發展。此外，值得特別重視的是，中國大陸自一九九三年開始，已經成為石油能源的進口國，預計未來大陸的經濟成長，其依賴進口能源的比例會快速攀升，而此趨勢也將會牽動中共整體軍事安全戰略部署的動向。今年的三月二十三日，美國華府重要智庫「戰略與國際研究中心」（CSIS），即召開一場探討中國大陸積極開拓能源來源的研討會：Implications of China’s Energy Search。現謹將研討會的內容以要點分述如下：

第一：現階段，中國大陸內部的能源產量僅夠供給百分之六十的需要量，另有百分之四十仰賴進口。根據美國能源資訊局的統計顯示，二〇〇〇年時，大陸每天要消耗四百七十八萬桶的原油；在二〇〇四年底時，每天要消耗七佰萬桶以上的原油；估計到二〇二〇年時，大陸每天預計要消耗一千零五十萬桶原油，並且將取代日本成為僅次於美國的原油消耗國。此外，美國能源部亦估計，中國大陸到二〇二〇年時仰賴進口的原油比例將高達百分之六十以上。因此，在研討會上有專家認為，東亞地區的國家，甚至中共與印度之間，為了要確保本國能源供應的安全，將可能會發展出激烈的軍備競賽，甚至爆發爭奪能源的軍事衝突。

第二：在中國大陸能源供應的組合中，煤所佔的比例達到百分之六十以上，而石油則佔有百分之二十九，其他的能源供應來源還有天然氣、核能，以及水力發電等。根據在巴黎的國際能源機構估計，中共當局將會在二〇二五年以前，投資超過一千億美元以確保中國大陸的煤，能夠充份供應經濟成長的需要，而這些投資包括煤礦的開發、鐵路、公路，以及輪船等運輸工具的建設等項目。關於石油能源的儲備上，目前中國大陸的戰備儲油只足夠供應十五天的需要量，相較於美國擁有九十天的戰備儲油量，可謂差距懸殊。因此，北京當局將開拓石油供應來源，視為國家安全戰略的重要環節。目前中國大陸原油進口的主要地區包括伊朗、阿曼、葉門、安哥拉，以及沙烏地阿拉伯。根據中共官方的統計資料顯示，在二〇〇四年，有百分之八十的進口石油，即高達每天二百四十五萬桶的石油，要通過麻六甲海峽。換言之，中共當局認為這種過度集中依賴中東及非洲石油的現象必須有所調整。現階段，中共正積極地與印尼、澳大利亞、委內瑞拉、秘魯、阿塞巴疆、哈薩克斯坦，以及加拿大等國家，進行能源共同開發的合作計劃。倘若前述的計劃都能夠順利的進行，中共估計將可掌握三十億桶以上的海外石油儲備量。

第三：積極發展核能是現階段中國大陸發展能源供應的另外一項重點。北京當局計劃在二〇二〇年以前，在中國大陸建造二十四座到三十二座核電站。由於每座核電站的興建時間長達十年，而且經費龐大，同時必須引進國際性的技術支援，因此，核能在短期內將無法取代對煤和石油的依賴，但是，卻為北京方面創造了與美國、日本、德國、法國等核能技術輸出國的貿易談判籌碼。

第四：整體而言，中國大陸為了要維持其經濟的持續成長，勢必要能夠確保其能源的供應來源無慮。因此，中共所面臨的戰略性挑戰包括：（一）如何能夠獲得來自於俄羅斯、中亞、中東、西非地區等主要能源進口來源地區的支持，以確保進口能源的穩定供應？（二）如何能夠改善全國性的能源運輸建設，以充份運用國內煤的生產與供應，讓能源的供應來源與消費，達到經濟的效益？（三）北京的領導人必須思考發展足以保護其能源運輸線安全的軍事能力，尤其是海軍與空軍的發展。但是，中共的建軍措施是否會引發日本、印度等國的恐慌而進行激烈的軍備競賽？（四）隨著中國大陸能源使用量的快速增加，其二氧化碳的排放量對環境造成的影響亦日益嚴重，甚至其對中國大陸的城市空氣品質及農作物的傷害，進而破壞整個經濟成長與發展的基礎，也值得中共方面在發展經濟並消耗大量能源之際，進行客觀深思的重要課題。

備忘錄二〇九

# 中共軍事現代化的機會與限制

時間：二〇〇五年六月五日

六月四日，美國國防部長倫斯斐在新加坡的亞太安全會議中，以「反恐之外的美國和亞太安全」為題，發表演說並指出，中共的國防預算支出已經位居亞洲之冠，在全世界則是僅次於美國和俄羅斯，排名第三；同時，倫斯斐強調，中共的飛彈能力和海空軍戰力的快速發展，已經衝擊到亞洲的軍力平衡；此外，倫斯斐亦質疑中共對台部署大量的彈導飛彈，並認為「如果每個人都同意以和平方式解決台灣問題，為什麼在台灣對面增加這麼多導彈？」據瞭解，中共全力推動軍事現代化，其主要目標是以建構遠距攻擊能力和執行聯合作戰的關鍵基礎為主；中共的飛彈打擊能力不只打破了台灣在地理上和軍事部署上的防衛縱深，也明顯的限縮國軍應變接戰時間；此外，中共的飛彈部署並不只針對台灣而來，因為彈導飛彈可以移動，攻擊目標可以隨時改變，從琉球、關島、南韓到日本本土，以及美國在東北亞的主要基地，其實都在中共的彈導飛彈攻擊範圍內。今年六月中旬，美國國防部將發表年度中共軍力評估報告。這份報告是歷年來各部門對其內容爭議程度最高，也是修訂次數最多的一份對中共軍力發展評估，因此遲遲無法公佈。在此之前，美國著名智庫「藍德公司」，接受美國空軍部委託研究，並於今年五月下旬發表了一份題為"Modernizing China's Military : Opportunities and Constraints"的研究報告。隨後，美國的主要媒體紐約時報、華盛頓郵報，以及國際前鋒論壇報，均曾針對中共軍事現代化，提出客觀的剖析與評估，現謹將各項內容要點分述如下：

第一：中共軍事能力的發展，直接受惠於過去三十年來的經濟成長，促使政府部門能夠撥發充裕的經費，以支持全面性的軍事現代化措施。不過，中共軍事能力在未來的發展，將會受到三個重大因素的影響，其中包括：（一）中國大陸的經濟能否持續的成長與發展；（二）政府部門是否能夠把足夠的經費分配到軍事建設的項目；（三）中共軍方是否能夠妥善的運用經費並發展出精良的武器與戰力。換言之，吾人在客觀研究中共軍事現代化的機會與挑戰時，務必要針對四項課題進行探討：（一）未來二十年間中國大陸經濟發展的規模與特質為何？（二）中共當局分配國防預算時，將會面臨那些限制與瓶頸？（三）中共軍方從國內的國防工業體系中採購軍品和服務時，將可能面臨那些困難與限制？（四）中共軍方在未來二十年間，推動軍事現代化的過程中，一旦面臨前述的挑戰與限制因素出現時，其將如何化挑戰為機會，並進一步強化整體的軍事能力？

第二：共軍的年度經費預算在經濟持續發展的環境中，已經出現顯著的提升。此外，由於共軍有多項的重大研發生產計劃，並沒有列在國防支出的項下，因此，要想準確掌握中共的國防經費支出仍然相當困難。不過，以現行共軍的整個兵力結構和軍力的發展估算，其國防支出大約介於五百億美元與七百億美元之間，並已超過日本的國防支出，成為全世界僅次於美、俄兩國的第三大軍費支出國。基本上，中共國防經費的支出項目，主要包括：（一）向外國採購先進的武器和軍事技術；（二）全面充實武警的裝備與訓練；（三）強化核子武器與戰略性彈導飛彈的能力；（四）支持補貼軍工企業的發展；（五）充實國防工業與軍事科技的研究發展能力。現階段，共軍在日益增加的經費支持下，正積極發展的武器裝備包括：（一）固態燃料推進的洲際彈導飛彈體系；（二）戰區性和戰略性的巡弋飛彈打擊能力；（三）以衛星為主體的指揮、管制、通訊、資訊、偵察、監控系統，做為資訊戰、電子戰，以及快速反應作戰的主控平台；（四）核動力的攻擊型潛艦和潛射洲際彈導飛彈；（五）運用在電子戰及偵搜功能的無人駕駛飛機；（六）運用衛星導航輔助系統，提升長程、中程和短程的彈導飛彈精確程度。

第三：整體而言，中共的國家戰略是以發展經濟為目標，並以維持國內政治社會穩定，和保持和諧的國際週邊環境為主軸。目前，中共的領導人認為，世界上的主要國家，包括美國、俄羅斯、歐盟，以及日本等，都希望能夠在經貿互動上，以及在軍事安全的領域中，與中共保持建設性的互動關係；但是，從長期而言，以美國為首的西方世界國家，仍然沒有放棄遏制中國發展的思維與部署，尤其是從美國和歐盟仍然限制出口高科技產品和軍事裝備給中國的政策，即可明顯地瞭解到，西方國家與中國之間的互動，尤其是在軍事安全的要害關係上，仍然是處在「既合作又競爭」的大架構之中。此外，隨著中國大陸經濟的發展與成長，其社會福利、教育、基礎建設等的支出壓力亦快速的增加，因此，中共軍事現代化所需要的充裕經費，是否能夠源源不斷，而不會受到社會福利等支出的排擠，也將會成為今後評估中共軍力發展的重要指標。

備忘錄二一〇

# 中共在中東地區的發展動向

時間：二〇〇五年六月六日

六月二日，中共官方宣佈成立「國家能源領導小組辦公室」，其功能為督辦落實能源領導小組決定、追蹤了解能源安全狀況、預測並預警能源宏觀重大問題，以及組織有關單位研究能源戰略並規劃能源重大政策。隨著中國大陸經濟持續高速發展，大陸對石油資源消費需求量與日俱增，目前，中國大陸對石油進口依存度高達百分之五十，並已跨越國際警戒線，預計到二〇二〇年時，中國大陸石油總進口量將超過三億噸，並成為世界第一大石油進口國，屆時，中國大陸的石油進口依存度也將高達百分之六十。由於目前中國大陸超過一半以上的進口石油來自中東地區；同時，中共方面從美伊戰爭證明，美國不惜動武來控制中東油田；另外，美國更透過控股及參股等形式，積極插手中國大陸與哈薩克、土庫曼等國的能源合作項目，以進一步掌握中亞地區的油源。換言之，中共當局認識到，其必須加強發展與中東國家和中亞國家間的互惠合作關係，以確保其穩定的石油進口來源。今年的五月二十四日，美國華府重要智庫「詹姆士城基金會」（The Jamestown Foundation），連續發表四篇研究報告，包括：（一）The Risks and Rewards of China's Deepening Ties With The Middle East；（二）Beijing's Two-Pronged Iraq

Policy；（三）The U.S. Factor in Israel's Military Relations with China；（四）Warming Sino-Iranian Relations : Will China Trade Nuclear Technology For Oil?等。這些研究報告特別針對中共在中東地區發展互動關係的策略與限制，提出深入的剖析，其要點如下：

第一：近幾年以來，中共在中東地區的活動日益積極。其運用「中國—阿拉伯合作論壇」的機制，加強與中東地區的阿拉伯國家發展各項的經貿互動與合作項目，同時，中共方面也透過此溝通平台，希望能夠與中東產油的主要國家，簽訂長期而穩定的石油和天然氣供應合約。到目前為止，中共的三家主要石油公司已經分別和伊朗、沙烏地阿拉伯、阿爾及利亞，以及蘇丹等國家，簽訂了價值千億美元的長期石油和天然氣供應合約。在中共與中東地區阿拉伯國家互動的過程中，觀察人士同時發現，中共與這些國家的互動內容，不僅只有石油和天然氣的項目，其中還包括軍事技術與裝備的交易合作，以及各種經貿商業的互動。換言之，中共在開拓及鞏固其進口能源的同時，也進一步地增強與中東阿拉伯國家之間的軍事戰略互動與合作。中共的這項策略措施，雖然讓中東地區的形勢複雜化，但是也為美國尋求與中共合作，以共同維持中東地區和平穩定的目標，提供了重要的機會。

第二：中共與伊朗的互動關係在最近的兩年以來，有明顯的增溫趨勢。二〇〇二年三月間，中共的國務委員吳儀曾經訪問伊朗；二〇〇三年八月，伊朗外長亦曾到北京訪問。在此期間，雙方針對經貿的合作、能源的供應，以及軍事技術的交易等項目，均達成具體的成果。隨後，中共與伊朗的關係不僅包括更加密切的經貿能源合作項目，甚至還擴展到外交與聯合國議題的相互支援等。此外，中共方面正在向伊朗爭取，連接伊朗德黑蘭到裏海的油管經營權。一旦中共方面從伊朗獲得這項油管經營權，其將可以與哈薩克合作興建連接裏海到新疆，長達三千公里的石油運輸管，讓中共能夠減輕過度依賴海運石油供應的風險，同時亦可以讓中共方面順利取得伊朗和哈薩克的石油。不過，這項重大的能源合作計劃，其是否含有核子武器或彈導飛彈技術的交易，已經引起美國方面的高度關切。

第三：中共與伊拉克的互動關係，在美伊戰爭結束後，也出現了相當顯著的發展。中共方面看中伊拉克的石油，以及戰後重建的龐大商機，因此，亦積極地與伊拉克當局營造建設性的合作關係。不過，目前的伊拉克是由美國所控制，所以，中共在伊拉克的經營策略，不能採取與美國對抗競爭的姿態。但是，中共方面亦瞭解到，中東地區的阿拉伯國家，基本上對於美國強力介入阿拉伯世界的事務，早已心生厭惡，因此，中共在面對此種複雜而敏感的政治氣氛時，主要是採取務實低調的策略，加強在經貿合作上著力，同時也儘量避免陷入美國與阿拉伯國家之間的矛盾糾結。

第四：中共在中東地區與以色列的互動關係，也進入一個複雜而敏感的新階段。長期以來，中共與以色列在軍事技術的交易上，有非常具體的合作內容。但是，隨著中共與阿拉伯國家的關係日益密切，尤其是中共方面希望與阿拉伯國家維持長期穩定的石油進口合作關係，導致中共方面更加謹慎地處理與以色列的互動關係。此外，由於美國方面開始注意到以色列與中共間的軍事技術交易內容，將會威脅到美軍在太平洋地區的活動。因此，美國也開始對以色列的軍售活動，表示高度的關切，甚至直接干預以色列出售先進軍事科技給中共的措施。換言之，中共與以色列的互動關係，在整個戰略環境出現結構性變化的狀況下，將會趨向低調與降溫。

備忘錄二一一

# 美國與大陸互動關係出現質變

時間：二〇〇五年六月十七日

六月十六日，中共在青島海域向內陸沙漠地區，試射一枚新型潛射洲際彈導飛彈。根據日本讀賣新聞十七日的報導，這次試射成功，等於把美國本土全部納入射程範圍，一旦台灣海峽情勢緊張，中共可以藉此牽制美國介入台海事務；此外，讀賣新聞指出，美國政府預測中共已擁有部署東風三十一型洲際彈導飛彈的能力，並且到二〇一五年時，瞄準美國的彈頭將達到一百枚。六月十四日，美國國會議員舉行「國會中國連線」成立大會，包括國會中國連線主席富比世、共同主席眾議院軍事委員會首席民主黨議員史克頓，以及眾議院軍事委員會主席韓特等多位眾議員都在會中致詞。「中國連線」主席富比世議員表示，中共官員對美國的了解，遠超過美國對中共的了解，而「國會中國連線」的成立，將逐步發展成參眾兩院的共同組織，即是希望能夠改變對中國大陸瞭解不足的現象。根據美國國務院官員在今年六月上旬透露的訊息顯示，美國與中共將於今年夏天在北京舉行第一次的「定期高層對話」，針對雙邊的重要議題、全球性議題，以及區域性議題，包括朝核問題和台灣問題在內，進行深度的對話。隨後，美國國務卿萊斯，在接受美國公共電視台專訪時表示，國際政治中的新因素之一是中國崛起；不論中國是否有意圖，但是以中國的幅員、經濟動力、活躍的外交等，都使中國成為影響國際政治的重要因素。此外，美國國防部長倫斯斐於六月十三日，接受英國國家廣播公司訪問時強調，現在或未來的一段時間，中國不致對美國構成威脅，但中共可能因為經濟及政治制度抵觸而出現社會緊張，因此他希望中共的經濟成長將帶動民主發展。對照倫斯斐在六月四日所提出的「中國威脅論」，兩次談話的態度轉變，令人玩味。六月十三日，美國的資深中國問題專家季辛吉，在「澳大利亞人雜誌」（The Australian），發表一篇題為"China Shifts Centre of Gravity"的專論，對現階段的美「中」互動質變內涵，提出深入的剖析，其要點如下：

第一：自尼克森總統時期以來，美國與中共的互動關係，一直呈現出相當程度的模糊性，但是，美國的「一個中國政策」，卻也是歷任的六位總統，包括尼克森、福特、卡特、雷根、布希、柯林頓，以及現任的布希總統在內，所依循的政策基礎。現階段，在美國雖然有部份的政府官員、國會議員，以及媒體人士，運用「中國威脅論」為訴求，攻擊中國大陸的政策措施，並對布希政府施壓，要求布希政府在人民幣匯率的議題、監控中共軍備擴張的議題，以及中共崛起威脅到美國在亞太地區利益等議題，採取強硬的政策立場，和具體的防制措施，以保護美國的利益。不過，隨著中國大陸經濟的成長與發展，以及亞洲整體的經濟能量擴大，世界體系的重心有日漸從大西洋往太平洋移動的趨勢。前任的國務卿鮑爾和現任的萊斯均認為，美國與中共積極發展建設性的合作互動關係，將會對亞太地區和世界帶來穩定與繁榮。今年的下半年，美國總統布希和中共國家主席胡錦濤將會進行互訪，同時兩人也會在多邊性的國際會議中碰面。對於這種密切而頻繁的接觸機會，美「中」的領導人應該把握機會，針對雙邊的共同利益議題，建立更加穩固的合作架構，同時，也要對雙邊間具有分歧利益的議題，進行坦白而深入的對話，以化解誤會，降低關係緊張與衝突的變數出現。

第二：現在，多數的大國都瞭解到，強權之間的核子戰爭將沒有贏家；同時，核子戰爭的災難性後果，也讓大國之間的互動或衝突有所節制。至於有部份人士經常把中國類比成蘇聯，並且以冷戰的思維來處理中國問題。事實上，未來對中國的挑戰主要是來自於經濟和政治的議題，至於軍事問題反而影響有限。目前中國為了本身的利益，願意加強與美國合作；至於亞洲其他的國家，也樂見美國與中國的合作關係，能夠持續的發展，以營造穩定與繁榮的環境。換言之，美國如果在亞洲地區挑起對中國的冷戰，其也將會在亞洲地區引發反感，而不是支持；此外，美國在面對中國大陸時，若採取「說三道四、指指點點」的態度與措施，其溝通的效果必定會大打折扣。因為，美國必須正視中國曾經遭受帝國主義壓迫的經驗，同時中國在過去的四千年，一直都擁有自主性的政府體系。

第三：對於美國而言，美國在發展與中國的建設性合作關係的同時，也必須要密切的觀察，中國方面是否刻意的把美國的勢力和利益擠出亞洲。此外，亞洲地區的成長與發展，也將會進一步考驗美國在亞太地區的競爭力。因此，中國在處理與美國的互動時，也必須要瞭解美國內部的複雜情緒和利益糾葛，才能夠有效的整理出雙方穩定合作的軌道，以共同促進彼此的共同利益，並減少雙方之間分歧利益所造成的障礙。

備忘錄二一二

# 中共的亞洲戰略動向

時間：二〇〇五年六月二十日

近期以來，中共當局運用參與國際組織活動的機會，積極地展現出擁抱區域性和全球性事務的態度，一改過去不願意打交道的立場，轉而成為有意願扮演負責任大國的角色。尤其值得重視的是，中共方面在朝鮮半島核武危機的議題上，令人意外地成為具有正面貢獻的主導者。因此，國際人士不敢再忽視大陸內部政經形勢的變化，以及其在外交政策和國際安全戰略觀的調整。具體而言，自一九九〇年代中期開始，中共在國際關係的作為上，即陸續的進行各項拓展外交空間的措施，其中包括：（一）發展雙邊的經貿互惠及軍事安全合作關係；（二）參與國際上多邊性質的經貿和安全機制；（三）在國際組織中對全球性的經貿和安全議題提供協助；（四）外交人員和機構逐漸從人治轉型為專業化的機制，並運用細緻的手法，扮演國際社會中建設性的角色。此外，在具體的成果方面則包括：（一）二〇〇一年中共在上海主辦亞太經合會，同時，其並與俄羅斯簽署「睦鄰合作友好條約」；（二）二〇〇二年及二〇〇三年，中共分別在上海與北京召開「中亞六國上海合作組織會議」，積極促進中亞地區在經貿發展和軍事安全上的合作關係；（三）中共當局調整策略，積極參與以美國為主導的「東協國家組織」，以及其研討軍事安全議題的「東協區域論壇」；（四）中共陸續地與哈薩克斯坦、吉爾吉斯坦、寮國、俄羅斯、塔吉克斯坦，以及越南等邊界國家，成功地化解了邊界疆域的糾紛；（五）在南海地區的島嶼和海疆爭議方面，中共亦採取務實的態度，接受東協國家的建議，暫時擱置主權爭議，以共同開發的措施，與相關國家發展合作互利關係。今年的四月中旬，美國哈佛大學出版的學術季刊「國際安全」（International Security），發表一篇由沈大偉博士所撰寫的專論，題為"China Engages Asia: Reshaping the Regional Order"，針對中共現階段的亞洲戰略部署與動向，提出深入的剖析，其要點如下：

第一：中共的亞洲戰略基礎有四個要項包括：（一）積極參與區域的國際組織；（二）與亞洲地區的主要國家發展戰略性的夥伴關係，並積極深化雙邊性的合作互動；（三）拓展區域性的經濟合作關係；（四）在軍事安全的領域上，降低亞洲國家的不信任感和「中國威脅」的焦慮感。對於美國而言，中共的亞洲戰略佈局與具體的發展，已經引起美國各界人士的不同解讀。基本上，多數美方人士關心的議題有兩項：（一）中共的綜合國力與在亞太地區的影響力不斷地成長和擴大，其是否會損害到美國的利益；（二）中共與美國在亞太地區的重要議題上，有那些項目擁有共同利益，另有那些項目已經產生分歧利益，同時，還有那些重要的議題，雙方的利益關係還不能夠確定。

第二：整體而言，現階段中共的亞洲戰略重點包括：（一）積極建立與東南亞國家間，更加密切的政治、經濟互動合作關係，並運用東協區域論壇的架構，和「中國—東協自由貿易區」的發展，突破西方國家對中國的圍堵戰略；（二）中共在朝鮮半島採取平行交往戰略，一方面維持與北韓的政治、軍事聯盟，以及經援措施，同時亦強化與南韓之間的經貿互動，吸引南韓的大企業赴中國大陸投資；（三）中共與俄羅斯間最重要的互動是雙方的軍售及軍事科技交流合作關係；（四）中共在與南亞國家，包括印度及巴基斯坦等的互動策略上，亦採取平行交往措施，其一方面強調與印度在經濟合作的發展空間，以及降低雙方在邊界地區緊張的關係之外，另一方面中共亦繼續保持與巴基斯坦間的軍事合作項目，尤其是在核武與彈導飛彈技術的支援；（五）中共在對日本的策略方面，亦採取緩和的態度，並認為中國大陸與日本目前都有內部的經濟問題要處理，所以沒有必要在雙邊關係上，製造不必要的麻煩，此外，中共仍然需要日本的投資、技術，以及雙邊貿易來發展中國大陸的經濟。因此，中共當局認為其仍有必要積極的維持與日本的和諧互利關係，藉以吸引更多的日本資金、技術和市場。

第三：中共的領導階層瞭解到，中共若直接或間接地對美國採取抗拒對立的策略，將不利於本身的利益和發展。然而，在中共的綜合實力日益崛起的過程中，其勢必會減損美國在亞太地區的影響力。同時，亞洲地區的主要國家亦不希望看見美國與中共在此地區發生直接衝突的局面。因此，對於美國而言，其最佳的策略是尋求美國國內各派勢力對亞洲政策共識基礎的同時，積極促使各界瞭解美國與亞洲各國關係的複雜性及發展趨勢，進而建立美國在亞洲的角色，成為亞洲國家都希望能夠爭取的經貿及安全夥伴，而不是像芝加哥大學教授米契默爾所倡導的「中國威脅論」，刻意對中國大陸的成長與發展，採取敵視警戒的態度。

備忘錄二一三

# 美國與大陸會爆發貿易戰嗎？

時間：二〇〇五年七月一日

六月三十日，美國國會眾議院以三百九十八票比十五票的壓倒性多數，通過一項不具拘束力的決議案，要求布希政府立即對「中國海洋石油總公司」，準備收購美國尤尼科石油公司（UNOCAL）的案件，展開評估，同時並強調，這項收購石油公司的措施，將可能會危及美國的經濟和國家安全。與此同時，美國國會眾議院的多數議員在討論時，亦相當關切美國對中共貿易逆差爆增，以及中共大量購買美國公債所可能產生的國家安全問題。不過，在美國聯準會主席葛林斯班和財政部長史諾的合力勸說之下，美國參議院議員舒默（Charles Schumer）和葛拉漢（Lindsey Graham）則同意延後表決對中共貿易制裁的提案。據瞭解，來自紐約州民主黨參議員舒默與南卡羅來納州共和黨參議員葛拉漢今年初提案，如果中共不放棄人民幣緊釘美元匯制，美國應向所有自中國大陸進口的產品課徵百分之二十七點五的關稅，同時，共和黨保證在七月底以前會就這個法案舉行投票，不過舒默與葛拉漢表示，這項法案將延至年底才會尋求表決。今年的六月下旬，美國重要智庫「外交關係協會」（Council on Foreign Relations）所出版的外交事務雙月刊"Foreign Affairs"，發表一篇題為"A Trade War With China?"的專論，針對美國與中共間的經貿互動關係，提出深入的剖析，其要點如下：

第一：雖然美國對中國大陸的貿易逆差，從二〇〇三年的一仟二佰四十億美元，快速激增到二〇〇四年的一仟六佰三十億美元，但是，倘若美國與中共因此而爆發貿易戰，卻會使雙方同蒙其害。尤其是美國的消費者、進口商，以及在中國大陸投資設廠生產出口產品的美國跨國企業，都會受到明顯的損失。過去的十年間，中國大陸總共創造出超過一億個工作機會，而其不僅能夠成為生產成本低廉的製造工廠，讓美國的消費者省下可觀的生活必需品支出，同時，中國大陸所創造出的生意機會和消費能力，以及連帶產生的投資環境，甚至產品規格與流行趨勢，都與美國的經濟體和美商跨國企業的發展密切相關。根據中共官方公佈的統計數字，目前從中國大陸輸往美國的出口產品中，有百分之六十以上是由在中國大陸設廠生產的美商企業所製造；此外，在中國大陸所製造的低成本產品，已經成為美國民生消費市場的主要供應來源，例如Wal-Mart連鎖店在二〇〇四年，向中國大陸廠商採購的金額就超過了一佰八十億美元，並成為中國大陸第八大出口貿易夥伴。

第二：由於中國大陸的經濟規模越來越龐大，而且其與世界主要市場之間的互動與貿易額也明顯增加。尤其是美國與中國大陸間，在貿易、投資，以及技術交流等層面上，也逐漸出現結構性的變化。目前在美國的智庫學界已經熱烈討論的重要議題包括：（一）美國對中國大陸的貿易與投資，以及輸出的關鍵技術，是否已經為中國大陸經濟和軍事能力的成長，造成重大的影響？（二）如果這些關鍵性的技術與影響因素確實存在，那麼美國應該採取何種措施，以有效限制中共取得這些關鍵性的技術和資源？（三）如何規劃一套美國對中國大陸的經貿投資政策，一方面能讓美國的安全獲得確保，另一方面又可積極促進中國大陸的成長朝向有利於美國的方向發展？換言之，美國在面對中國大陸經貿能量的質變，亦積極認真的思考規劃，如何使雙方的貿易投資互動關係，導向對美國整體利益有幫助的軌道前進。

第三：整體而言，雖然大陸不斷地從世界各地進口大量的原物料，並造成內部通貨膨脹的壓力，但是，其卻能夠將進口原料轉變成出口產品，並賺取鉅額的外滙，以供應進口所需支付的金額。因此，穩定的匯率便成為中共貨幣政策的首要考量因素。在二〇〇四年間，有高達一仟二佰億美元的海外資金，預期人民幣匯率將升值，因此快速湧入上海的房地產市場，以準備在人民幣升值後，再快速的轉成美元資產並賺取巨額利潤。然而，中共當局堅決地認為，人民幣匯率的變動劇烈將會重創大陸的經濟體系，並造成諸多不可預測的影響。因此，其決定採取漸進而安全的方式，讓人民幣成為可以自由兌換的貨幣，但不會在投機客和政客的壓力下，冒然改變立場；同時，中共方面亦願意與美國方面採取合作的措施，以共同處理雙邊貿易逆差、匯率調整，以及開放市場等重大的議題。換言之，美國與中共的複雜關係中，雖然存有「既合作又競爭」的特質，但是，美國與中共雙方在處理經貿議題時，卻展現出高度的理性與自制，畢竟，貿易戰的引爆將是一場沒有贏家的災難。

備忘錄二一四

# 美國與中共對「台灣問題」的默契

時間：二〇〇五年七月二日

今年六月上旬，美國著名雜誌「大西洋月刊」，以醒目的封面故事和「我們如何與中共作戰」為標題，深度剖析中共軍力的發展，並特別強調中共將是比俄羅斯更難應付的競爭對手。隨後國內的扁政府即藉此論調，刻意炒作「中國威脅論」，並誇大美國與中共在「台灣問題」的衝突面，意圖操作「兩岸三邊牌」，以從中獲取政治利益。基本上，扁政府企圖運用執政的優勢，在台灣內部、兩岸互動、亞太地區，以及對美關係上，透過「區域安全、經濟合作、民主政治」三項核心議題，累積二〇〇八年總統大選的籌碼。就台灣內部方面，民進黨政府的策略目標是促使國親合作破局、藍軍內部分裂，讓其繼續享有相對多數的優勢；在兩岸互動的領域上，刻意強調「中國威脅論」，但同時也逐步地推出經濟開放的措施，引誘中共落入「以通促獨」的佈局，使民進黨政府既可保有「基本教義人士」的選票，又可贏得「中間選民」的支持；在亞太地區方面，民進黨政府意圖爭取日本右翼輿論及政界人士的支持，凸顯台灣的「國家」地位；尤其值得注意的是，民進黨政府更將爭取二〇〇八年總統大選勝選的工作重點放在美國身上。民進黨認為，只要未來三年間，美國公開表示願意與台灣強化軍事安全合作關係，甚至恢復五〇年代「中美協防機制」的軍事合作架構；同時，美國同意與台灣完成「美台自由貿易協定」的洽簽談判，屆時，民進黨即可在二〇〇八年總統大選上贏得優勢。不過，民進黨這套建立在「美國與中共衝突」為基礎的戰略，是否能夠奏效，已經引起美國智庫界人士討論與質疑。二〇〇四年的四月和今年的六月中旬，美國華府智庫ＣＳＩＳ位在夏威夷的分支機構「太平洋論壇」（Pacific Forum CSIS），即分別發表兩篇題為"Bush's Korea Policy Gravitates Toward China, Will Taiwan Policy Follow?" 和 "Why It's All Quiet On The Taiwan Strait" 的專論，針對美國與中共間，就有關維持台海地區穩定情勢的默契，提出深入的剖析，其要點如下：

第一：台灣內部的政局已經出現明顯的動盪。對於美國而言，這種政局發展的不可預測性和政策信用度的快速滑落，勢將迫使美國降低對台灣政府的期望，同時，也將促使美國方面，考慮增加對北京的倚重，以共同維持台海地區的和平與穩定。美國以「台灣關係法」保障台海地區的和平與穩定，其真正的用意是維護台灣的民主社會，並避免台灣變成第二個香港。目前，台灣的民主政治發展，已經出現了結構性的轉變。台灣人民要求擁有政治自主性的聲音，已經成為具體而強勁的力量。這股政治力量對於台海的形勢發展，也將會帶來明顯的衝擊，並迫使中共方面調整國家發展戰略的優先次序，把處理台灣問題列在議事的日程表上。

第二：美國的對華政策在「三公報一法」的架構下，雖然有效的維持了台海地區將近三十年的穩定。但是，台灣內部政局的改變，也開始挑戰這個架構的基礎。在「台灣關係法」

的規範下，美國有義務繼續提供台灣防禦性的武器，以保持台灣方面應有的國防力量。但是，現階段的兩岸關係與台灣內部局勢的演變，卻讓這項軍售的義務趨向高度的複雜性與政治的敏感性。一方面，中共認為美國出售先進的武器裝備給台灣，等於是向台灣當局釋放出「鼓勵台獨」的訊息；另一方面，台灣內部的部份人士認為，美國有義務保衛台灣的民主社會，因此也就沒有必要花費大筆的國防經費，向美國採購各項先進的軍事裝備和武器。然而，對於目前掌握政權的民進黨政府而言，其一方面希望美國根據台灣關係法，出售先進的防　性武器給台灣，但是又受限於政府財政能力的困窘，而無法有效率地進行軍購計劃。同時，美國方面亦擔心，若讓民進黨政府快速地獲得先進的武器裝備，是否會讓北京與台北同時解讀認為，美國真的有意支持兩岸分裂的政策，並進一步刺激台北與北京同時做出改變現狀的行為。因此，美國必須加強與台海兩岸當局溝通表示，美國的目標是「維持台海現狀，靜待時間來解決爭議」。

第三：美國方面認為，台灣的政局在二〇〇四年總統大選後，勢將會隨著「公投制憲建國」的腳步，而趨向更加複雜的不確定性，尤其是在二〇〇四年底的國會改選，倘若綠軍再度獲勝，其將會把「台獨」的訴求，直接放在施政的時間表上，並再度引爆台海情勢的緊張與危機。因此，美國必須積極的介入以防範台海局勢失控。隨著藍軍在國會大選中獲勝、國民黨與親民黨領袖陸續訪問北京，並直接與胡錦濤會談之後，美國方面向北京表示，其樂見「胡扁會」的出現，但是美國亦評估認為陳水扁將難以有效化解來自內部「基本教義人士」的壓力；而中共方面亦無法就「一個中國」的原則，釋出彈性措施。換言之，美國現階段的策略目標主要是，防範台海地區在未來三年爆發軍事衝突；同時，美國亦認為，在華府與北京就台海情勢的對話日益頻繁的狀況下，雙方對於維持台海穩定的默契，也明顯地在增進當中。

備忘錄二一五

# 中共的國家安全戰略動向

時間：二〇〇五年七月十七日

七月十六日，日本《朝日新聞》報導指出，美國和日本在今年三月簽署備忘錄，授權日本生產美國研發的愛國者三型地對空攔截飛彈；同時，日本計劃部署的飛彈防禦系統，還包含陸基愛國者三型飛彈和海基標準三型飛彈，並成為美日兩國合作發展飛彈防禦系統的核心計劃。

在此之前，中共國防大學防務學院院長朱成虎少將，在一場由中共外交部主辦的官方簡報會中，對外籍記者訪問團表示，如果美國與中共因台灣問題發生軍事衝突，「中國別無選擇，只能動用核武」；但是，朱成虎強調，這只是他個人評估，並不代表官方立場。然而，朱成虎的發言，透過西方主流媒體，包括英國金融時報、美國紐約時報，以及亞洲華爾街日報等的宣揚之後，已經引起美國國會高度重視。針對中共將領揚言要以核武對付美國，共和黨籍的聯邦眾議員譚克多在本月十四日，即發表措辭強烈的聲明要求中共道歉，同時要求中共立即對發言不當的將領撤職查辦，也要求中共公開宣佈放棄對台動武。隨後，美國國務院發言人麥考馬克表示，朱成虎的說法「非常不負責任」，「很不幸」，希望不是中共官方的立場；同時，麥考馬克強調，美國對中共並不構成威脅，雙方關係既深且廣，並願意密切合作，以共同面對各種議題；此外，美國國務卿萊斯剛剛訪問過北京，與中共領導人有很好的對話，而副國務卿佐立克也將於七月下旬訪問大陸，與中共領導階層展開戰略對話。今年七月上旬，華府智庫「詹姆士城基金會」，即發表一篇由前中情局亞洲情報官John Garver所撰寫的"Interpreting China's Grand Strategy"；此外，二○○○年八月中旬，與美國國防部關係密切的重要智庫蘭德公司，亦曾經發表一篇題為"Interpreting China's Grand Strategy"的研究報告。這兩份專論均針對大陸的國家安全戰略動向，提出整體性的剖析，其要點如下：

第一：影響大陸國家安全的威脅因素包括：（一）維護長達一萬英浬的邊界，使其不受外來力量的侵略與威脅。現階段美國、日本、俄羅斯、印度等，都擁有軍事上的實力，可能對中國大陸的邊界造成威脅；（二）由於北京的領導結構仍屬人治體系，因此對外的國家安全策略，經常只是國內高層領導人之間鬥爭的工具，導致國家安全受國內政爭的影響甚鉅；（三）北京自視其為國際社會中的大國，目前其正致力於加強本身在經濟、科技和軍事上的實力，以期達到與其他強權平起平坐的地位。

第二：根據前述的主要威脅因素，大陸現階段國家安全戰略的目標可歸納成三點：（一）有效地控制疆界，並排除任何危及政權生存的威脅勢力；（二）在面對各種可能出現的社會動盪情況時，儘力保持國內的社會秩序穩定和經濟發展；（三）致力建立本身在區域地緣政治的影響力與地位。

第三：整體而言，中共的國家安全戰略，其主要的構成部份有下列四項：（一）對美國和其他發達國家的政策是，致力於維持與發達國家的和緩友善關係，並強調一個崛起強大的中國大陸是亞洲穩定的力量；（二）致力降低大陸可能遭受的威脅，逐步增加軍事能力，做為外交與政治運用的籌碼，同時，其亦儘量避免引起鄰國對中共軍力擴張的疑慮；（三）避免使用武力手段做為解決領土爭議的方法，倡導睦鄰政策以減少阻力，並至少維持到大陸的實力足以主導全局為止；（四）對於參與國際社會活動方面，北京則強調以個案處理的方式，分別就經濟、貿易、技術轉移、軍備控制，以及環境保護等議題，凡對北京有利者，則採取合作的立場；若有違背北京利益與立場，則堅持繼續協商的態度，以維持戰略優勢的地位。

第四：「和平與發展」是當前國家安全戰略的主軸，同時，中共的領導階層亟力避開意識型態的衝突，致力於從事經濟建設，以尋求中國大陸整體的成長與發展。因此，其具體的目標包括：（一）增強綜合實力；（二）避免與美國直接對抗；（三）加速運用西方國家的資金、技術、人才、資源與市場，並積極促進中國大陸全面性的發展；（四）運用國際性組織的資源，以加速開發中國大陸的中西部地區；（五）運用「九一一事件」所提供的機會，積極與美國發展各項戰略性的合作，進一步創造「和平與發展」的有利條件。

第五：現階段中共為達成其國家安全戰略的目標，一方面採取加強軍經實力的強勢作為；同時也採取各種外交的「柔性」手段，以期運用雙管齊下的方式來達成目標。更值得注意的是，中共一方面致力於維護和平的國際環境，藉以吸引更多的國際投資、技術與貿易；同時，其亦藉此強化中共政權領導的正當性，以及擴充軍事實力的經濟基礎。到目前為止，中共方面的戰略設計，已經明顯地產生具體的效果。

備忘錄二一六

# 陳水扁操作「兩岸三邊牌」的選項

時間：二〇〇五年七月二十三日

七月二十二日，陳水扁向南韓總統盧武鉉的特使金宗壎表示，他願以「中華台北」領導人身份，出席今年十一月在南韓釜山舉行的亞太經合會（ＡＰＥＣ）非正式領袖高峰會議，並盼盧武鉉促成他與中共國家主席胡錦濤，在韓國達成首次「扁胡會」；同時，陳進一步強調，今年五月美國總統布希致電胡錦濤，要求胡與台灣領導人晤談，而ＡＰＥＣ並非政治場合，是討論區域經濟合作的平台，也是讓兩岸領導人接觸、對話的適切場合。隨後，中共官員公開表示，根據ＡＰＥＣ規定，台灣領導人不能參與非正式領袖高峰會；此外，陳水扁想與胡錦濤會面，前提必須承認「一個中國」原則，同時「扁胡會」不在國際場合或第三地舉行。隨著台灣內部政局的演變和大陸政治經濟快速發展的新形勢，美國方面認為台海情勢趨向複雜而不確定，甚至有「失控」的危險，並將迫使美國捲入衝突，因此有必要密切地掌握瞭解台海兩岸的政策動向。今年五月下旬，美國華府重要智庫「大西洋理事會」，發表一篇由美國國務院駐會研究員Kay Webb Mayfield所撰寫的分析報告，題為“In Search of Legacy: Three Possible Paths for Taiwan's Chen Shui-bian”；此外，二〇〇四年四月中旬，喬治城大學教授唐耐心（Nancy

Bernkopf Tucker），亦曾針對陳水扁的政策措施在「太平洋論壇」，提出題為“Four Years of Commitment and Crisis”的專論。兩篇報告均針對陳水扁操作「兩岸三邊牌」的策略及美國的反應，提出深入的剖析，其綜合要點如下：

第一：現階段，陳水扁操作「兩岸三邊牌」基本上有三個選項：（一）繼續在台灣的國際空間議題上運作，以測試中共和美國的容忍限度，並藉此塑造「被打壓」的悲情形象，鞏固台灣內部的支持與同情；（二）採取維持現狀的策略，避免與中共發生衝突，或製造事件導致台海情勢惡化；（三）運用民進黨在省籍上的優勢，積極推動兩岸和解策略，並以台灣主流民意代表者的立場，主導台海兩岸的各項協商議題。不過，前述的三個選項在實際操作時，都會面臨具體而明顯的困境和挑戰。

第二：長期以來，中共方面認為台灣參與國際組織是在營造「兩個中國」或「一中一台」的基礎；同時，中共當局堅決反對台灣加入聯合國，並運用「一個中國原則」，把兩岸關係限定在一個國家的內部事務範圍，並積極防範兩岸關係在國際性的組織架構中互動；此外，從國際現實面觀之，台灣想參與國際組織，爭取國際活動空間，只有兩條路可以嚐試：（一）在兩岸關係的架構下，發展出國際活動空間，但是卻必須在政治地位上接受中共的安排；（二）採取長期抗戰的策略，運用各種途徑與方式，累積在國際社會生存發展的籌碼。但是，台北的政府與人民必須要有高度的耐心與現實感，同時也必須務實地瞭解，美國在這個方式所能夠提供的支持，將不可能是無條件的。因為，美國與中共間有許多重要的議題，必須採取合作性的協商立場；同時，台灣內部政治意識的分歧性，也是嚴重限制台灣發展國際活動空間的重要因素。

第三：隨著兩岸交流層面的擴大與深化，雙方之間建立起可以操作協議架構的條件，也開始出現，其中包括：（一）兩岸經濟整合的速度與勁道，已非雙方政府間所能夠阻止或控制，同時，台灣也已經無法自外於大中華經濟圈的發展格局與趨勢；（二）台灣的民主政治已經生根，因此香港的「一國兩制」模式，將很難運用在處理台灣的難題上；（三）中國大陸快速的經濟發展與改革措施，已經讓台海兩岸制度與生活方式的差距逐漸縮小，同時也營造出務實處理台灣問題的氣氛與討論空間。不過，前述的務實性發展，並不代表陳水扁將會公開表示放棄追求建立台灣共和國的理念，或者中共方面公開強調放棄控制併吞台灣的意圖。因此，對於美國而言，其最佳的策略既不是支持台灣與中國永遠分離，也不是同意中共併吞台灣，而是繼續的堅持維護台海現狀，為兩岸的人民保留和平化解歧見的空間與機會。

第四：隨著台灣內部政局的演變和大陸政治經濟快速發展的新形勢，美國不僅不準備放棄台灣，反而會根據台灣關係法的規範，認真地保護台灣二千三佰萬人的福祉與安全。因此，美國當局不僅要堅持維護台海和平與穩定的現狀，同時還要正告台海兩岸當局，和平是美國在台海地區及西太平洋的關鍵利益。換言之，美國將採用新的戰略性模糊政策，一方面告訴台北方面，美國不可能在任何狀況下都出兵保衛台灣；同時，美國也將正告北京，要北京當局不要認為其對台採取軍事侵略時，美國不會出兵保護台灣。整體而言，美國在台海地區所能夠貢獻的角色是，提供台海雙方足夠的時間與環境，以和平方式化解彼此的歧見，並避免台海兩岸當局導向政治性甚至軍事性的攤牌結局，造成毀滅性的後果。

備忘錄二二七

# 美國對中共軍力虛實的評估

時間：二〇〇五年八月二日

八月二日，日本防衛廳公佈二〇〇五年度國防白皮書，其中對中共不斷增強的軍事力、國防經費，以及相關的潛艦活動等，表達了比以往更明顯的警戒心；同時，日本方面認為，中共正在加強發展近海作戰的整體能力，而台海兩岸的軍事動態平衡，在實質上也將會朝中共方面傾斜；此外，日本強調，其將採取具主體性和積極的態度，來改善國際安保環境，並繼續在「美日軍事同盟」的架構下，與美軍進行相關的合作。隨後，中共外交部發言人孔泉表示，日本公開渲染「中國」威脅的作法無助於雙方建立安全互信，只會誤導公眾，導致彼此猜疑和感情對立，損害「中」日關係。然而，今年七月下旬，美國國防部依據「二〇〇〇年國防授權法」規定，向國會提報的「中共軍力評估報告書」（Annual Report To Congress: The Military Power of the People's Republic of China 2005），則明確指出，台海的情勢變化，促使中共加速推動軍事現代化；同時，共軍亦把軍事戰略的重心放在，積極發展各種有效的軍事行動方案，以嚇阻台灣走向獨立；如果有必要，中共將以武力迫使台灣接受中共的條件與大陸協商統一；此外，共軍的軍事準備重點之一，是要能夠在台海軍事危機出現時，有能力阻絕、延滯，以及瓦解第三勢力的介入。換言之，美方對共軍發展的動向，持續保持高度的關注，並企圖從更全面客觀的角度，來掌握中共軍力的虛實變化。現謹將全篇報告的要點分述如下：

第一：現階段，共軍所擁有的戰略性武器數量和戰力，都明顯落後於美軍。但是，以共軍在最近兩年間所發展出來的軍力推估，到二〇一〇年時，共軍將至少擁有七十枚以上的多彈頭、固態燃料推進投擲的洲際彈導飛彈，可以直接威脅美國本土的安全；此外，共軍近兩年來積極發展核動力攻擊型潛艦，並試射核動力潛艦發射的潛射洲際彈導飛彈，均展現出相當驚人的進步，甚至已促使美軍認真評估其對太平洋美軍的安全威脅；至於在空軍發展方面，共軍已經先後自俄羅斯引進二百七十架左右的蘇愷二十七戰機和一百二十架左右的蘇愷三十戰機，另共軍自行研發製造的殲十型戰機亦開始量產，而此項空中武力的發展，勢必會對台海的制空權爭奪，造成重大的衝擊。目前，共軍的戰略規劃者對於，如何運用長程精準打擊武器與地面的持種部隊結合，形成強大的快速精準攻擊戰力，以因應台海衝突的各種狀況，正在積極地研究新的戰略和戰法；此外，共軍就有關如何整合心理戰的運作、快速特種部隊的部署，以及精準的遠程打擊能力，並針對敵軍的領導人和指揮中樞，以及通訊網路，進行致命性的攻擊，快速地摧毀敵軍的作戰意志，也有整體性的規劃訓練與準備。換言之，共軍已經瞭解到「聯合作戰」的價值和精髓，並下定決心要從發展指管通情監偵系統著手，進一步提升資訊戰、電子戰，以及快速精準遠程作戰的能力。隨著中共軍力的顯著增強，其領導人正面臨戰略性十字路口的抉擇。到目前為止，中共的領導人仍然沒有明確的表示，其將要如何運用這些與日俱增的軍事力量和影響力。

第二：共軍的年度經費預算在經濟持續發展的環境中，已經出現顯著的增加。此外，由於共軍有多項的重大研發生產計劃，並沒有列在國防支出的項下，因此，要想準確掌握中共國防經費支出仍然相當困難。不過，以現行共軍整個兵力結構和軍力的發展估算，其國防支出約介於五百億美元與七佰億美元之間，並已超過日本的國防支出，成為全世界僅次於美、俄兩國的第三大軍費支出國。共軍在日益充沛的經費支持下，正積極發展的武器包括：（一）固態燃料推進的洲際彈導飛彈體系；（二）戰區性和戰略性的巡弋飛彈打擊能力；（三）以衛星為主體的指揮、管制、通訊、資訊、偵察、監控系統，做為資訊戰、電子戰，以及快速反應作戰的主控平台；（四）核動力的攻擊型潛艦和潛射洲際彈導飛彈；（五）運用在電子戰及偵搜功能的無人駕駛飛機；（六）運用衛星導航輔助系統，提升長程、中程和短程彈導飛彈的準確度。

第三：整體而言，中共的國家戰略仍是以「經濟發展」為中心，並以維持國內政治穩定，保持和諧的國際週邊環境為主軸。儘管中共軍力的持續發展，帶來了「中國威脅論」的疑慮，但是，在「反恐戰爭」的考量之下，卻也為中共創造了國際合作的戰略性機會之窗。目前，中共的領導人認為，世界上的主要國家，包括美國、俄羅斯、歐盟，以及日本等，都希望能夠在經貿交流和軍事安全的領域中，與中共保持建設性的互動關係；但是，從長期而言，以美國為首的西方世界國家，仍然沒有放棄遏制中國大陸發展的思維與部署；尤其是從美國與歐盟仍然限制出口先進軍事裝備與技術給中共的政策，即可明確的瞭解到，西方國家與中共之間的互動，尤其是在軍事安全的要害關係上，仍然具有深層的結構性矛盾。

備忘錄二一八

# 美國與中共互動的最新形勢

時間：二〇〇五年八月四日

八月二日，美國副國務卿佐立克與中共外交部副部長戴秉國，在北京舉行首次的美「中」定期高層「戰略對話」。據報導指出，雙方所討論的議題包括：台灣問題、軍事交流、能源合作、反恐戰爭、朝核會談、經貿互動、人權問題，以及雙方元首互訪等；為了營造雙方元首互訪的友好氣氛，佐立克在會談中曾就美國所公佈的「中共軍力評估報告」，對中共提出解釋；同時，就有關台灣和貿易問題的歧見，雙方也都採取低調處理的方式。值得注意的是，美國與中共願意定期舉行「戰略對話」，顯示雙方的互動已經從「探討問題」，發展到了「解決問題」的新階段，並藉此避免一些矛盾問題，因缺乏溝通而演變成危機。今年九月間，中共國家主席胡錦濤將前往紐約，出席聯合國六十週年紀念活動，並在美國進行正式訪問；隨後，在今年的十一月間，美國總統布希也將在參加APEC會議後，赴北京訪問。不過，由於近日以來，美國華府瀰漫著「中國威脅論」氣氛，許多國會議員及保守派的意見領袖，紛紛表示意見認為布希總統若以「國是訪問」的最高規格歡迎胡錦濤，將是對強調人權與民主價值的美國的極大諷刺。目前在美國華府「反中」和「恐中」的氣氛下，布希政府似有傾向以「工作訪問」

的規格接待胡錦濤，但是中共方面則表示，作為中共最高領導人，胡錦濤前往國外訪問都是最高規格的「國是訪問」，因此，雙方仍然繼續透過外交管道在交涉當中。今年七月下旬，美國華府智庫ＣＳＩＳ設在夏威夷的附屬機構「太平洋論壇」（Pacific Forum CSIS），在「比較關係電子季報」中，即發表一篇由葛來儀（Bonnie S. Glaser）所撰寫的研究報告，題為"US-China Relations : Disharmony Signals End to Post-Sept. 11 Honeymoon"。全文針對美「中」互動的最新形勢，進行深入的剖析，其要點如下：

第一：「九一一恐怖攻擊事件」爆發之後，美國的亞太安全戰略，從原先以「圍堵中國」為主軸的佈局，轉變成以「執行反恐戰爭，並防範美國本土遭到恐怖攻擊」為核心的戰略部署。在美國執行反恐戰爭的過程中，尤其是在對阿富汗、伊拉克的軍事行動，以及在聯合國所進行的外交戰場，和處理朝鮮半島核武危機的議題上，中共方面都展現出願意支持配合的態度，讓美國增強了與北京建立合作夥伴關係的信心。隨著北京出面舉辦朝核議題的「六邊會談」、北京當局同意配合美國執行「貨櫃安全計劃」，以及美「中」針對維持台海現狀的互動等經驗，雙方已經逐步地培養出，共同合作處理重大議題的默契。但是，近數月以來，美國與中共之間就有關歐盟解禁軍售限制的議題、美國禁止高科技產品出口到大陸的議題、人民幣升值的問題、雙邊貿易逆差持續擴大的議題、中共國營石油公司計劃併購美國石油公司的議題、中共軍力快速增長擴張的議題、人權保障和宗教自由的議題，以及中國大陸政治民主化的議題等，分別在北京與華府內部挑起相當熱烈的討論，同時並呈現出分歧利益擴大的徵兆。

第二：在北韓核武危機的議題上，美國刻意地要求北京能夠扮演積極主導的角色；並希望中共方面對北韓祭出軟硬兼施的策略，包括切斷燃油供應和糧食援助等方式，對北韓施壓以促其接受美國所提出的條件。但是，中共方面認為，美國有必要對北韓提出一套明確的解決問題方案，才是化解危機的關鍵；此外，中共與北韓甚至懷疑，一旦朝鮮半島的核武危機問題和平落幕，美國積極主張結合東亞國家，建構飛彈防禦體系的正當性基礎，也將會明顯的鬆動，因此，美國並沒有意願提供北韓銷毀核武的安全保證與誘因。換言之，美「中」雖然藉由朝鮮半島核武危機，增進了雙方的合作空間與氣氛，但是，雙方之間在東北亞的深層利益矛盾，仍然顯而易見。

第三：隨著中國大陸的經濟實力、軍事能力，以及對區域的政治影響力，均顯著提升之際，布希政府一方面希望能夠繼續與中共保持建設性的合作關係，以促使中共的發展動向，能夠朝向有利於美國利益的軌道前進；同時，布希政府也需要妥善的處理美國內部，尤其是國會和保守派媒體的意見領袖，針對「中國威脅論」，所提出的質疑壓力。目前，美國國會就有關人民幣升值的議題，曾經通過決議將對中共的出口產品施加關稅制裁；此外，美國國會議員與意見領袖，對於中共的國營石油公司併購美國石油公司的議題，亦表現出「恐中」與「反中」的強烈情緒，並認為中共的動作是長遠戰略佈局的一部份，而其目標則是要厚植與美國競逐戰略利益的實力。不過，今年六月間美國與中共正式簽署協議，將加強雙方的核能安全合作，並為未來整體而言，二十年內，中國大陸將建造三十座核電站的商機舖路。今年九月與十一月間，胡錦濤和布希的互訪，有必要針對議題複雜而多元的雙邊關係，提出更具有創意的互動架構，以促進美「中」的建設性合作氣氛持續擴大。

備忘錄二一九

# 胡錦濤的對美工作方針

時間：二〇〇五年八月十五日

中共國家主席胡錦濤的訪美行程已經正式確定。九月十三日，胡將抵達紐約停留三天，並出席第六十屆聯合國大會高峰會議等系列活動；隨後，中共代表團將於十五日晚間前往華府，進行為期三天的「國是訪問」。根據中共官員透露，胡錦濤的九月訪美之行，是中共在今年最重要的涉外事務，同時，中共方面有意運用此次的「國是訪問」，積極尋求與美方建立密切的建設性合作關係，並轉變美國對華圍堵政策的思維；此外，中共方面亦希望能夠透過高峰對話，針對台灣問題、美對中共高科技出口限制，以及美「中」核能合作的議題等，達成具體的建設性共識，以朝向互利雙贏的目標努力。今年的八月中旬，華府智庫「詹姆士城基金會」的《中國簡報》（China Brief, The Jamestown Foundation），發表一篇題為"Hu Seeks Breakthrough in Forthcoming Summit with Bush"的專論；八月十四日，美國前任副國務卿阿米塔吉（Richard Armitage），在日本媒體發表一篇題為"China the Emerging Power"的分析文章；此外，位在美國西雅圖的「國家亞洲研究局」（The National Bureau of Asian Research），在其於二〇〇三年十一月下旬出版的研究報告"Strategic Asia 2003-04 : Fragility and Crisis"中，亦發表一篇由Thomas J. Christensen所撰寫的專文

"China：Sources of Stability in U. S. –China Security Relations"。這三篇專論均針對現階段美「中」互動關係的基礎，以及胡錦濤的對美工作方針，提出深入的剖析，其綜合要點如下：

第一：現階段的美「中」互動關係，是自尼克森訪問大陸以來，雙方處於最佳的建設性合作狀態。目前多數的觀察人士認為，整體的國際環境因素和雙方內部的政治氣氛，均有利促進這種建設性合作關係，朝向更加深化的方向發展。同時，美國方面明確地表示其不支持「台灣獨立」的態度，也讓北京當局降低了對美國戰略意圖的疑慮，並願意在中亞地區，南亞地區、東南亞地區，以及中東地區，儘量配合美國執行其外交和安全政策。整體而言，胡錦濤的「大國外交」政策，有意積極強化與美國的合作關係，並已獲得來自於大陸內部的支持。除非在未來的幾年，美「中」的互動基礎受到重大因素變化的衝擊，或者為朝鮮半島問題翻臉。否則，美「中」關係要回到二〇〇一年布希政府的對華政策路線，即是將中共視為會威脅到美國國家利益的「戰略競爭者」，其可能性已經大幅降低。

第二：以胡錦濤為首的中共領導當局，其國家安全戰略的核心目標有三項包括：（一）維持共產黨政權的安全與穩定；（二）保持國家主權的統一與領土完整；（三）建立國際性的聲望與影響力。目前胡錦濤政權運用經濟環境的改善，來發揮穩定政治社會基礎的功能。此外，中共方面也積極地利用其經濟資源和影響力，做為推展其國際安全戰略的工具，尤其是在亞洲地區的週邊國家和國際性的組織中，發揮具體的效果。北京的戰略規劃圈人士認為，未來的二十年將是中國大陸重要的「戰略機遇期」，而這個機遇甚至還包括推動政治自由化和民主化的大工程。換言之，在未來的二十年，中國大陸與美國維持建設性合作關係，才是符合胡錦濤政權利益的對美工作方針。

第三：近幾年以來，美國總統一再地公開表示，美國歡迎中國大陸朝向強大、和平與繁榮的方向發展，同時，也希望能夠加強與變動中的中國大陸，發展更加密切的建設性互動關係。此外，布希政府亦積極地鼓勵中國大陸參與國際性的政治、經濟和安全機制，並逐漸擔負重要的責任，成為一位國際社會中的貢獻者。從中共的角度觀之，在面臨全球化的競爭趨勢挑戰下，胡錦濤政權對美國的戰略思維，除了把握「和平與發展」的原則，積極強化與美國的建設性合作關係外，顯然也沒有其他的選擇。目前，美國是大陸產品重要的出口市場，也是大陸經濟發展所需要的資金和技術等，重要的來源。因此，胡錦濤政權也願意配合美國的政策，在國際上發揮建設性貢獻者的角色，包括共同執行反恐戰爭、維持朝鮮半島的穩定、促進中東地區的和平、防止大量毀滅性武器的擴散，以及保持台海現狀，避免局面失控造成軍事衝突的危機。隨著中國大陸整體綜合實力的不斷成長，其對於國際間的經貿活動、軍事安全，以及多邊性架構的國際機制，亦日趨重視。因為，胡錦濤政權瞭解到，在不挑戰美國霸權地位的前提下，中共方面積極地與國際經濟體系互動，並分擔國際安全的責任，將更有利於維持和平的周邊國際環境，促使中國大陸的經濟發展更上一層樓。

備忘錄二三〇

# 中國大陸企業精英的特質

時間：二〇〇五年八月二十日

中國大陸在二〇〇四年的國民生產毛額（ＧＤＰ），已經達到一兆八仟億美元的水準，其雖然還不到全球生產毛額的百分之五，但卻是全球經濟成長的主要驅動力。隨著中國大陸在二〇〇一年底，加入世界貿易組織後，中國大陸經濟國際化即面臨新的挑戰；長期以來享有審批權的政府官員，在中共當局逐步推動市場自由化措施，以加速吸引外資技術，並推動與全球經濟接軌的政策下，也已經成為必須面對改革的既得利益者。朱鎔基在擔任總理時，積極推動加入ＷＴＯ，即是企圖運用國際經濟體系的壓力，打破政府官僚的阻礙，促進大陸的經濟體系與全球接軌。同時，在經濟國際化的大趨勢中，中國大陸的企業逐漸成長壯大，而且也開始在政治經濟的舞台上，取得了一席之地，並日益發揮綜合性的影響力。中國共產黨也瞭解到，其為了繼續鞏固權力基礎，就必須要把企業主和企業管理精英，納入共產黨的權力結構中，以避免挑戰共產黨一黨專政的新興社會力量出現。今年六月下旬，美國史丹福大學胡佛研究所出版的「中國領導人觀察」（China Leadership Monitor），發表一篇題為“The Rise of China's Yuppie Corps : Top CEOs to Watch”的研究報告，針對中國大陸營業額排名前一百家的大企業中，擔任企業總裁的人士，進行深入的追蹤研究，並探討這群企業精英的成長背景與發展動向，是否會對中國大陸的高層政治權力結構變化，造成具體的影響，其要點如下：

第一：隨著中國大陸經濟的成長與發展，中國大陸的企業規模與數量也快速的增加。在這些企業中，負責實際經營業務的總裁和經理人，其質與量也不斷的擴大，而且對於整體中國大陸經濟成長與發展的影響，也逐漸地發揮實際的功能。由於中國大陸的企業必須面對日益嚴峻的國際市場競爭，因此對於企業經理人的能力考驗，也具體地增加，但是，這種磨練競爭的過程，卻也為中國大陸培養未來的政治高層領導人，提供了一個絕佳的訓練機會。換言之，未來的中國大陸政治領導人來源，將不會只限於黨官僚行政體系，而是會擴大到從企業精英中，發掘更多優秀的領導人才。

第二：本項研究鎖定中國大陸營業額前一百名大企業（包括公有、私營企業）和公司總裁或執行長進行分析發現：（一）中國大陸前一百大企業的地理位置分佈，多數集中在沿海地區，只有十家位在內陸省份，其中有四十五家在北京、十七家在上海、十二家在廣東。由於企業的位置關係到當地人民的生活工作甚鉅，例如首鋼原先計劃遷往河北省的唐山市，卻成為二〇〇五年全國人大會上最具爭議與敏感的議題，因為北京市的代表亟力反對遷移首鋼案。換言之，大企業的位置反映出地域省份在中央權力結構中的地位與份量；（二）企業的總裁有百分之七十八是近五年內任命的，而其中的百分之五十二甚至是在二〇〇三年時才上任。就年齡的分佈而言，有百分之五十的總裁年齡在四十歲左右，另外有百分之四十的總裁年約五十歲左右，只有百分之八點九的總裁年齡超過六十歲。整體而言，現階段中國大陸前一百家大企業總裁的平均年齡為四十九點八歲；（三）在一百大企業的總裁中，女性的比例明顯偏低，只有三家企業的總裁是由女性出任。另就出生的地域而言，有百分之六十三來自東南沿海地區，包括百分之二十來自上海、百分之十四來自江蘇、百分之十三來自浙江、百分之九來自山東、百分之五來自福建；（四）從教育程度的角度剖析，有百分之五十四點五的企業總裁擁有研究所以上的學歷，包括百分之十三點六獲得博士學位、百分之十一點四擁有企業管理碩士學位，另外，大多數的總裁都是理工訓練背景，同時，還有十九位總裁具有財經訓練的學歷；（五）在一百位企業總裁中，有百分之七十五點六的總裁是在原企業內晉升，另外有百分之六十二點八的總裁，其前一個位置是原公司的副總裁。

第三：傳統上，中共的高層領導人都是從省級的黨政領導幹部拔擢。不過，自十六大之後，已經有八位企業的負責人和總裁被選入中共中央委員會的行列，另外，原任東方汽車公司的總裁亦被任命為武漢市委書記，同時，陸續也開始有大企業的負責人和總裁，被列入省級和市級黨政領導幹部候選人的名單中。隨著中共修改黨章，允許企業家入黨之後，中國大陸的科技精英和企業精英，逐漸的在中國大陸的領導層中，獲得晉升的機會，同時，中國共產黨中私營企業主的黨員人數也逐年的增加。根據中共官方公佈的研究資料顯示，在二〇〇四年時，百分之三十四的私營企業主是共產黨的黨員。另根據美國財富雜誌的調查資料顯示，全世界四十歲以下的四十位富翁中，有六位在中國大陸。換言之，在中國大陸新興的企業精英集團，將隨著其財富與影響力的增加，逐漸形成在政治舞台上的力量，並進一步衝擊由黨官僚行政幹部所主控的中共中央權力結構。

備忘錄二三一

# 美台軍售關係的政經分析

時間：二〇〇五年九月三日

九月二日，國民黨主席馬英九先生針對「對美軍購案」公開表示，民進黨政府一面搞正名使兩岸陷入緊張關係，一方面又以國家安全為由，堅持以高價購買軍備，根本就是「一手玩火，一手救火」；同時，馬主席指出，軍購問題不只是價格問題，更是涉及兩岸關係的政治問題，尤其應思考如何避免陷入兩岸軍備競賽，並且把「連胡會」就兩岸應簽署「和平協議」、建立「軍事互信機制」的新情勢納入考量；此外，馬主席強調，「對美軍購案」是法案、預算的問題，理應透過黨團政策會在立法院處理，民進黨政府在美國於二〇〇一年同意對台軍售案後，將此案凍結三年，才以原本只要二、三千億元的軍購案提高到六千多億，實在非常不合理。面對錯綜複雜的美台軍售關係和「六一〇八億軍購案」，美國華府的智庫界和軍方的研究機構，均曾發表過研究報告，提供決策人士掌握本案的來龍去脈，其中包括「傳統基金會」（The Heritage Foundation）於二〇〇三年十一月，所發表的"US-Taiwan Defense Relations in the Bush Administration"；美軍太平洋總部「亞太安全研究中心」（Asia-Pacific Center for Security Studies）於二〇〇四年四月，發表的三篇報告：一、The Asia-Pacific Arms Markets：Emerging

Capabilities, Emerging Concerns；二、US-Taiwan Arms Sales：The Perils of Doing Business With Friends；三、Taipei's Arms Procurement Dilemma：Implications for Defending Taiwan。現謹將四篇研究報告的內容，以綜合要點分述如下：

第一：布希政府處理台北—北京—華府的「兩岸三邊」互動關係，其主要的決策思維基礎包括：（一）堅守美國的一個中國政策立場，在「三公報一法」的架構下，一方面與北京政府維持正式外交關係，同時也繼續與台北當局保持非官方的實質關係；（二）遵循台灣關係法的規範，繼續提供台灣防衛性武器，以保持兩岸軍力的動態平衡；（三）信守一九八二年由雷根總統核定的「對台六項保證」，做為美國與兩岸互動的基礎，並強調和平解決台灣問題的政策目標；（四）明確表示反對兩岸任何一方做出片面改變現狀的言行，既不支持台灣獨立，也堅決反對中共用武力併吞台灣，同時，美國認為維持與台灣正常的溝通對話管道，可以減少政治性的意外狀況，並可強化台灣在國際上的能見度，以降低台灣方面對「維持現狀」的不滿程度；（五）美國的政策仍然積極支持中國大陸的政治自由化與民主化，因為美國相信，大陸社會越開放、越自由，將會拉近兩岸生活方式與政治制度的差距，同時也將為未來兩岸和平解決爭端，增添成功的機會。

第二：現階段的美台軍售關係，正遭逢前所未見的複雜環境。整體而言，北京方面認為，美國出售先進的武器裝備給台灣，等於是向台灣當局釋放出「鼓勵台獨」的訊號；至於台北內部，有為數不少的朝野人士則認為，美國基於「台灣關係法」，有義務保衛台灣的民主社會，因此台灣自己沒有必要花費大筆的國防經費，向美國採購各項先進的軍事裝備和武器；此外，目前執政的民進黨政府，其一方面希望能強化台美的軍事合作關係，但是又受限於政府財政能力的困窘，而無法確實執行對美的軍購項目；與此同時，美國方面雖然有意加速推動對台的軍售行動，但是在美國與中共互動的大架構下，美方亦擔憂，若讓民進黨政府獲得大批先進的武器裝備，是否會造成北京與台北當局同時解讀認為，美國實際上是有意在推行「一中一台」的政策，甚至進而刺激兩岸雙方，同時做出企圖片面改變台海現狀的行為，導致台海地區爆發軍事衝突的災難性後果。

第三：促使美台軍售關係陷入困境的另一個原因是，台北方面不僅在財政能力上無法支應龐大的軍購支出，同時其對於美國方面所提出的主要軍品價格，也表現出高度的不滿。例如，美國所提出柴電動力潛艦的價格，高達十億美元以上乙艘，幾乎已經接近核動力潛艦的價格水準，比起韓國向德國購進每艘只需三億四千萬美元的價格，實有懸殊的差距。另外，台北方面亦抱怨美國所出售的武器裝備，有部份並不符合台北軍事戰略規劃的需要，其等同於增加台北額外的國防經費負擔，更讓台北方面懷疑，美國所推動的軍售案，其真正的戰略意涵何在？

第四：台灣的政治經濟結構，已經處在高度敏感的政黨競爭狀態。朝野政黨的國會議員對軍購案，表現出相當強的關切程度和意見分歧，進而導致軍購案的立法過程和預算審查，陷入難解的僵局。值得特別注意的是，執政的民進黨指控在野黨為統一故意杯葛對美軍購案，而在野黨也批評執政黨藉軍購抱美國大腿搞台獨。換言之，朝野間政治意識形態的嚴重對立與分歧，已經讓台灣的對美軍購案，陷入兩難的困境並在原地踏步。

備忘錄二三二

# 中國大陸經濟發展的水源限制因素

時間：二〇〇五年九月五日

儘管中國大陸的經濟發展趨勢，在二〇〇四年仍然能夠保持百分之七左右的成長率，並吸引到六佰億美元的外資，創造高達九仟億美元的進出口貿易總額，而外匯存底也累積到六仟億美元的水準。但是，整體而言，中國大陸的經濟形勢卻面臨趨於嚴峻的結構性瓶頸，其中包括國內市場的有效需求不足、農民收入成長緩慢、城市及農村失業人口不斷增加、所得差距日益擴大、國有企業「老大難」問題苦無解決之道、市場經濟體制中的法治規範嚴重匱乏、工業快速發展地區的環境急速惡化、官僚貪污腐敗問題有增無減、工業城市的失業勞工對社會不公的反感加劇、國有企業的人力過剩但競爭力卻不足，以及政府銀行企業「三角債」的包袱高達五仟億美元等難題。目前，中國大陸是僅次於美國的全球第二大石油消費國，隨著石油價格高漲及仰賴原油進口的程度加重，也已經形成大陸經濟發展的另一個重要的限制因素。除此之外，今年八月二日，美國華府重要智庫「詹姆士城基金會」（The Jamestown Foundation），在「中國簡報」中，發表兩篇研究報告，題為"The National Security Implications of China's Emerging Water Crisis"和"The Limits of Chinese Economic Reform"，並針對中國大陸經濟發展的限制因素，尤其是水資源匱乏的問題，提出深入的剖析，其綜合要點如下：

第一：中國大陸的經濟發展，至少有八項結構性的隱憂與難題包括：（一）失業率攀高，目前已經達到百分之二十三，並具有惡化的傾向；（二）官僚腐敗問題日益擴散；（三）愛滋病的年成長率達到百分之二十；（四）地區性缺水問題嚴重，十年後可能發生水源枯竭危機；（五）對石油及天然氣的需求日增，但供給的來源和產能卻明顯減少；（六）銀行的呆帳正如同癌症細胞一樣，快速侵蝕大陸的經濟資源；（七）國際間競爭外資的形勢日益激烈，印度、巴基斯坦、印尼、俄羅斯等，都將成為大陸吸引外資的競爭者；（八）台海間的對峙形勢一旦爆發軍事衝突，將耗損大陸一個百分點以上的國民生產總額成長率。

第二：根據中共國務院水資源部最新公佈的資料顯示，在全中國大陸六佰六十個城市中，超過百分之六十的城市有缺水的問題，而其中更有一百一十個城市出現嚴重缺水的困境，例如北京市居民所可以使用的水量，只達到世界平均水準的三分之一。此外，中共國務院水資源部副部長公開指出，目前中國大陸的城市中，有高達百分之九十的比例，飽受水源污染的困擾，至於農村地區的水源污染問題甚至更加嚴重。現階段，中國大陸農村地區有超過五億的農民，仍然無法獲得安全衛生的飲水供應；同時，農村地區的水源污染問題和下水道處理問題，隨著人口的逐年增加，不僅未見改善，反而是每況愈下。根據中共官方公佈的資料顯示，中國大陸百分之五十三的主要河流水道、超過一半以上的湖泊，以及三分之一以上的地下水，都已經不再適合人類飲用。

第三：中共當局瞭解到，水資源匱乏的問題，倘若沒有妥善的處理解決，勢必會逐漸演變成威脅國家安全的重大難題。但是，近年來中國大陸北部和南部的旱災連年，各地區的供水系統都有嚴重的漏水問題，而且西北地區的土地沙漠化速度逐年增加，再加上各城市大量掘井抽取地下水，造成水源匱乏問題嚴重惡化，使得中共當局在五年計劃中所提供的解決措施，有如杯水車薪幾乎看不到效果。目前，中共當局已經明顯地感受到，水源匱乏與污染所必須付出的代價包括：（一）南水北調工程的首期經費即高達二百五十億美元；（二）水源匱乏限制農業與工業的活動，導致政府稅收減少，例如黃河的污染造成每年高達十三億到十八億美元的經濟損失；（三）水源的匱乏與污染影響到上億居民身體的健康和生活的品質；（四）水資源的匱乏甚至可能成為內部動亂的導火線，因為當水源供需差距過大，導到嚴重的分配不公時，勢必會引發民怨，甚至造成示威抗議，爭奪水資源的激烈行動。一旦中共當局採取嚴厲的鎮壓制裁措施，將造成中國大陸社會秩序的失控，並嚴重影響到國際投資者的信心與行動，進而衝擊到整體的經濟發展大局。

第四：整體而言，水資源的匱乏是中共政權的「脆弱腹部」，也是中共當局維持經濟發展大局，所必須嚴肅面對並認真處理的重大課題，因為在水資源匱乏的大環境之下，一旦供需分配的正義受到嚴重扭曲時，政治社會結構的失衡與民怨也將會同步的累積，並成為引爆社會動亂的火藥庫。換言之，中共當局在規劃其「國家安全戰略」時，除了要考量美「中」互動、大國外交、台灣問題等國際性層面的議題，同時，其也必須要把注意力放在內部潛藏性的重要議題，而水資源匱乏與污染的危機，正是其中的要項之一。

備忘錄二二三

# 台海軍力動態平衡的形勢變化

時間：二〇〇五年九月十八日

九月十七日，美國的《華盛頓郵報》指出，美軍已經在關島部署B－2戰略轟炸機，象徵美國在亞洲太平洋地區的軍力部署，正式進入新紀元；雖然多數美國專家相信，一旦中共準備將其軍力擴充到沿岸之外，必然將與美國發生衝突，不過，美軍太平洋總部司令法倫卻認為，「中國經濟成長促進軍力成長是一種無可避免的現實」，同時，「一個崛起的中國，可以是積極協助區域內國家安全與穩定的一種力量」；此外，關於台灣的問題，多數專家認為，美國在亞洲軍力建構的主要針對目標是中共，而中共近年軍力建構的主要目標，也針對著一旦美國介入台海問題的情勢。美軍太平洋總部司令則表示：「這是一種生活中的事實」，雖然美軍是否介入台海戰事仍須由華府做最後決定，但美軍要做好一旦發生這種情勢的一切準備。今年八月底，中共與俄羅斯的聯合軍事演習正式落幕，隨後，中共國防部長曹剛川和總裝備部長陳炳德，分赴俄國參訪，並積極與俄羅斯洽談軍事技術交流合作和軍購等事宜。整體而言，美國與中共在亞太地區的軍力部署，均呈現出強化提升的趨勢，但是，雙方對於台海形勢與軍力動態平衡的認知與判斷，卻也開始出現微妙的變化。二〇〇三年三月，美軍太平洋總部智庫「亞太安全研究中心」，發表一篇題為"Taiwan's Threat Perceptions: The Enemy Within"的專論；二○○四年六月，華府智庫「卡耐基國際和平研究中心」，提出一篇"Deterring Conflict in the Taiwan Strait : The Successes and Failures of Taiwan's Reform Modernization Program"，此外，二○○五年九月出版的「外交事務雙月刊」，亦登載一篇由鄭必堅撰寫的專論，題為："China's 'Peaceful Rise' to Great-Power Status"。這三篇研究報告舖陳出美國與中共對台海軍力動態平衡的認知與判斷，其綜合要點如下：

第一：當中共的綜合實力不斷增加的同時，台灣的綜合實力卻因為遲遲無法解決最基本、但卻相當困難的問題，反而快速的衰退。這些嚴重傷害台灣實力的難題包括：（一）整體民心士氣在面對中共心理戰所顯露出的脆弱程度；（二）朝野政黨及政治精英對攸關國家共同利益的兩岸關係政策，嚴重地缺乏共識；（三）台灣的國防體系需要建立具有連貫性的戰略與政策，並在結構上進行全面性的改革；（四）台灣缺少促進經濟產業升級所需要的基礎建設。根據研究小組對台灣的政府官員、學者專家，以及工商界人士進行訪談的結果顯示，多數受訪人士認為，中共對台灣的威脅主要是以政治和經濟的手段為主，武力手段反倒是其次。然而，多數人士深切的表示，台灣內部遲遲無法就前述的四項難題，提出有效的因應化解之道，才是台灣整體安全的最嚴重威脅。

第二：最近幾年以來，中共軍方積極地運用軍購、滲透吸收，以及技術交流合作等方式，從俄羅斯、歐美國家和以色列等國，引進多項先進的軍事技術與裝備，而其目的不僅在於更換老舊落後的設備和武器；同時，共軍亦注重發展「不對稱作戰」的能力，以期在台海地區嚇阻美軍行動時，能發揮真正的效果。台灣方面想要維持台海間的動態軍力平衡，並使其不致快速地向中共方面傾斜，就必須要在下列的重點項目上著力：（一）高層的政治領導人要有團結合作的決心與能力，勇於面對軍事事務革新的挑戰與障礙，並提出有效克服困難的解決問題方案，而且還能展現出執行的決心與效率；（二）執政團隊與社會精英都必須對中共軍力的明顯強化，有更深一層的正確認知，並且能夠研究出一套有效的因應策略；（三）政治精英與軍方領導階層必須對何謂「最佳的國防戰略」，取得高度一致的共識，同時並願意以此為基礎，共同努力建構達成此國防戰略目標的兵力結構；（四）針對台美之間的軍事交流合作關係，雙方能夠就有關核心的戰略思維、具體可操作的目標，以及雙方合作嚇阻與防衛的內涵，進行更深入的探討，以尋求雙方之間更具有建設性的合作與互動。

第三：根據中共國家發展的大戰略規劃，其計劃在二〇五〇年時，成為現代化的中度開發國家。但是，在未來的四十五年內，中共將面臨三個巨大的挑戰，包括資源的短缺、環境的污染惡化，以及經濟與社會發展的失衡。換言之，中共需要和平的國際週邊環境，並積極與美國發展建設性合作關係，使其能夠集中精力面對內部發展的挑戰。因此，就長期而言，美國在面對中共推展「和平崛起」的新形勢中，其維持台海軍力動態平衡的策略，將會傾向於強化台北與北京進行建設性對話的信心；至於台北方面所面臨的挑戰，則是必須綜合運用有效的軍事嚇阻能力、有效的兩岸關係運作能力，以及有效的外交運作能力，才能夠持續的維持台海地區有效的動態平衡。

備忘錄二二四

# 美國與中共互動的最新形勢

時間：二〇〇五年九月十五日

九月十三日，美國總統布希與中共國家主席胡錦濤在紐約會晤。布希表示，這一次的「布胡峰會」，雙方討論的兩大焦點議題包括經貿問題和朝核問題。隨後，胡錦濤則指出，中共與美國將會積極的保持高層交流的勢頭，充分完善雙邊磋商機制，並繼續的保持戰略對話。在台灣問題方面，胡錦濤強調，他讚賞布希多次表示堅持「一個中國」政策，遵守「中」美三個聯合公報，反對「台獨」的立場，同時胡並呼籲，希望「中」美雙方共同維護台海和平穩定；至於布希則是重申，在美「中」之間三個聯合公報和「台灣關係法」的基礎上，美國將繼續奉行「一個中國」政策，不支持「台灣獨立」，並反對任何一方單方面改變台海現狀。此外，布希並進一步強調，希望兩岸對話能夠擴大到台北的執政當局。今年的九月上旬，美國紐約的「外交關係協會」，在其所發行的“Foreign Affairs”雙月刊中，登載一篇由北京大學國際關係學院院長王輯思所撰寫的專論，題為“China’s Search for Stability With America”，隨後，史丹佛大學胡佛研究所出版的「中國領導人觀察」，發表一篇由Thomas J. Christensen撰寫的研究報告，題為“Looking Beyond the Nuclear Bluster : Recent Progress and Remaining Problems in PRC Security

Policy”，此外，在今年九月最新一期的「國家利益」（The National Interest）中，亦登出一篇由David M. Lampton所撰寫的專論，題為“Paradigm Lost”。這三篇專論分別從美國與中共利益的角度出發，深入探討雙邊互動關係的複雜內涵和最新的形勢動向，其綜合要點如下：

第一：美國在亞太地區有四萬六千名駐日美軍及三萬七千名駐韓美軍。目前其正在美軍太平洋總部及關島基地，增加各項戰略性軍事能力的部署。基本上，美國在面對中國大陸的崛起，以及其對亞太安全格局的衝擊時，其所採取的因應策略是，一方面加強與健康發展的中國大陸交往，另一方面也隨時對萬一雙方關係變壞或中國大陸發生動亂時，能夠有足夠的軍事準備。目前，中國大陸的經濟雖然不斷地成長，政治上也有一些自由化的革新，但是其社會混亂的狀態也不容忽視。同時，美國對於中共當局將如何運用其在亞太地區日益增強的影響力，並不完全清楚。甚至，現階段日本與中共的互動關係，也開始傾向於不確定，因為，日本對於北韓的核武發展計劃有很深的疑慮，而北京方面卻遲遲不願意明確而堅決地，向北韓直接表示反對北韓的核武計劃，進而導致日本方面有意採取發展自主性核武導彈能力的意圖。這項東北亞地區的安全格局變化正在進行當中，而美國在亞太地區，也必須要有「和、戰」的兩手準備。

第二：現階段中共軍力的擴張，雖然在強勁的經濟成長力道支持下，呈現出明顯增強的趨勢。但是，其仍然不足以對美國在西太平洋的優勢軍力構成威脅。不過，中共的軍事能力已經為其在朝鮮半島、台灣海峽、南海地區、中南半島、南亞地區，以及中亞地區，增添了相當程度的政治影響力。此外，中共的領導層發現，在全球化的趨勢中，運用經濟力來處理台灣問題，將可產生意想不到的效果。目前，中國大陸已經取代美國成為台灣產品最大的出口對象。隨著兩岸經貿投資關係的日益密切，台海地區的經貿安全格局亦開始發生變化，並有逐漸朝向中國大陸傾斜的跡象。對於台北而言，兩岸的軍備競賽將會成為台北難以負荷的財政包袱。但是，對於美國在西太平洋的安全戰略佈局而言，美國也必須構思更加細緻的因應策略，才可能從容地面對這個新變局。

第三：由於中國大陸的經濟規模越來越龐大，而且其與世界主要市場之間的互動與貿易額也明顯擴增。尤其是美國與中國大陸間，在貿易、投資，以及技術交流等層面上，也出現了結構性的轉變。目前美國的政府部門和智庫學界，正進行深入探討的議題包括：（一）美國對中國大陸的貿易與投資，以及輸出的關鍵技術，是否已經為中國大陸經濟和軍事能力的成長，造成前所未見的影響？（二）如果這些關鍵性的科技與影響因素確實存在，那麼美國應該採取何種措施，以有效限制中共取得這些關鍵性的技術和資源？（三）美國應如何規劃一套對中國大陸的經貿投資策略，一方面能讓美國的安全獲得保障，另一方面又可積極促進中國大陸的成長朝向有利於美國的方向發展？換言之，美國在面對中國大陸經貿能量的質變，已經開始調整本身的策略彈性與靈活度，並積極促使雙邊的貿易投資互動關係，導向對美國整體利益有幫助的軌道前進。

第四：整體而言，現階段美國與中共在共同合作處理，有關「反恐戰爭」的議題和朝鮮半島核武危機等問題，已經培養出相當程度的默契。同時，美國方面一再表示其不支持「台灣獨立」的態度，也逐漸讓中共當局減輕了對美國戰略意圖的疑慮，進而願意與美國進一步地配合，以共同維持亞太地區的和平與穩定。

備忘錄二三五

# 中共與日本互動的戰略趨勢

時間：二〇〇五年十月二日

十月一日，日本《朝日新聞》、《每日新聞》、《經濟新聞》，以及《東京新聞》等四大報，發表社論敦促小泉首相停止參拜靖國神社，並強調首相參拜靖國神社已經成為日本與中共、韓國和亞洲諸國，在外交上的巨大障礙，因此，希望國家領導人能夠考慮不要讓國民及近鄰諸國的人民感到不安和擔心。在此之前，日本《朝日新聞》於九月二十六日的報導指出，日本防衛廳在二〇〇三年底至二〇〇四年，完成一份針對二〇〇四年起，五年間可能發生的事態進行分析，並完成陸上自衛隊應變計劃。在這份「防衛警備計劃」中，日本把中共入侵日本列為預想狀況，同時並提出，中共可能因確保釣魚台主權及台海爆發衝突時，入侵日本。《朝日新聞》強調，日本的防衛計劃和美國於七月間所發佈的「中共軍力評估報告」相呼應，並認為中共的軍力對亞洲地區已構成威脅，美日則已將和平解決台海問題列為共同戰略目標，並要求中共提高軍事透明度。美軍太平洋總部為因應日趨複雜的中共與日本互動關係，相繼在二〇〇三年六月至二〇〇五年三月間，運用智庫「亞大安全研究中心」（Asia-Pacific Center for Security Studies），發表四篇研究報告包括：一、Japan Gets Serious about Missile Defense；二、Stirring

Samurai, Disapproving Dragon: Japan's Growing Security Activity and Sino-Japan Relations；三、The Outlier: Japan between Asia and the West；四、Japan's FY 2005 National Defense Program Outline: New Concepts, Old Compromises。這四篇研究報告針對中共與日本互動的戰略趨勢，提出深入的剖析，其要點如下：

第一：近幾年以來，隨著中國大陸綜合實力的顯著成長，中共與日本的互動關係，也逐漸發展出複雜而微妙的變化；日本內部與中共內部，對於如何處理日趨複雜而密切的互動，也出現分歧性的意見；此外，雙方對於如何發展與美國間的軍事安全及經貿互動關係，也將會影響到亞太地區整體的戰略形勢變化。目前，中共與日本雖然在經貿互動和人員交流上，出現相當顯著的正面發展。但是，雙方在政治上、社會上，以及軍事安全上的一些議題，卻日益浮現出不安與困擾的氣氛和事件。

第二：對於日本而言，維持與中共的和緩鄰國關係，並積極地發展建設性的合作互動，將有利於日本的整體利益。但是日本也同時擔心，一旦中共的綜合實力超過日本太多，或者中國大陸內部發生動亂，導致大批難民湧入日本，都會對日本的國家安全造成明顯的威脅。現階段，日本感受到來自於中共方面的安全威脅包括：（一）中共軍事現代化與軍力提升的程度；（二）北京經常運用「罪惡感牌」，逼迫日本在政治上或經濟上的議題，向中共讓步；（三）中共在與日本的雙邊經貿爭議事件上，一直都採取高姿態；（四）中共堅持對釣魚台群島的主權聲明；（五）北京揚言不放棄對台使用武力；（六）中共進一步地展開核子武器試爆；（七）中共的軍艦與潛艇經常出入日本的鄰海。因此，日本雖然不斷地強調要增加與中共的經貿投資合作，包括共同開發東海油田等項目，但是，其也向美國方面表示，日本將加速發展多功能性的軍事能力。

第三：根據日本的「二〇〇五年國防計劃綱要」內容，日本已經把北韓和中共列為軍事安全威脅的主要對象，並積極地與美國發展陸基型和海基型的飛彈防禦體系。同時，日本也要求美國能夠在雙邊的軍事同盟架構中，提升情報分享、軍事技術交流，以及聯合軍事演習的質與量。但是，日本本身卻可能會受到財政能力的限制，以及憲法規範的約束，而無法全面性地發展與美國的軍事戰略合作。然而，值得特別注意的是，日本的國防戰略決策圈已經形成共識，將爭取發展長程精準制導飛彈，做為日本反制北韓和中共威脅的武力後盾。此外，日本也計劃加速發展空軍的空中加油能力，並在二〇〇七年獲得波音公司製造的空中加油機後，提升日本戰機的長程奔襲能力。

第四：整體而言，中共已經逐漸將自己定位為亞洲領導國的地位，同時也採取「大國外交」的策略，增加其在朝鮮半島、台海地區、東南亞、南亞，以及中亞地區的影響力。長期以來，中共對於美國與日本間的軍事同盟深具戒心，但是，也對美國阻止日本發展核武的牽制功能表示歡迎。此外，中共對於日本右翼勢力介入台灣問題的動向，亦密切的關注並嚴加抵制。基本上，現階段的中共與日本互動關係，已經越來越受到美國與中共互動關係的牽制。同時，日本也開始認真地思考，其將如何妥善處理，與美國和中共同時發展關係的策略。

備忘錄二二六

# 台海兩岸互動的最新形勢

時間：二〇〇五年十月五日

九月三十日，美國政府透過國務院國際新聞總署指出，美國繼續信守三項公報以及台灣關係法，反對台海兩岸任何一方片面改變現狀，同時鼓勵兩岸對話；關於今年八月底有一媒體說美國國防部長倫斯斐稱台灣為「主權國家」，白宮發言人麥里蘭表示，美國有關台灣自治於中國之外（U.S. Policy with regard to Taiwan's autonomy from China）的政策維持不變，而且美國總統布希與中共國家主席胡錦濤在紐約會談時，布希也再度重申美國的一個中國政策不變。整體而言，中共方面普遍認為，以現階段美國與中共間有多項建設性合作關係，正在蓬勃發展之際，北京與華府應該可以發展出共同利益的基礎，一起合作來限制台灣內部台獨勢力的發展，並防範台海地區因台獨問題，而爆發軍事衝突；如果美國與中共在台灣問題上都放棄模糊戰略，雙方之間就有了合作的基礎；中共明確其武力必然用於遏制台灣獨立，統一仍為和平方式；美國明確其軍事介入只限於中共的武力統一，而台灣正式獨立美國決不介入軍事衝突；這樣美「中」在台獨問題上就有了戰略合作的共同點，即台灣正式獨立引發的戰爭將不是美國與中共之間的戰爭，而只是大陸與台灣之間的戰爭；這一點足以保證台灣不敢正式獨立，從而避免了美國與中共之間的戰爭危險。隨著美國與中共對「台灣問題」的默契已經逐漸的穩固，台海兩岸的互動關係，也發展出新的形勢與格局。二〇〇四年四月，美軍太平洋總部智庫「亞太安全研究中心」，曾經發表一篇題為“Cross-Strait Economic Relations: Opportunities Outweight Risks”；二〇〇五年九月十五日，美國國務院顧問James R. Keith，在國會聽證會中提出“U.S. Relations With China and Taiwan”的證詞；此外，「國際危機管理集團」（International Crisis Group），亦在今年九月二十一日公佈一份研究報告，題為“China and Taiwan: Uneasy Detente”。這三篇專論針對台海兩岸互動的最新形勢，提出深入的剖析，其要點如下：

第一：自一九九九年七月中旬，台海兩岸凍結政府高層代表的政治性對話之後，兩岸關係一直呈現經貿互動熱絡、民間人員交流頻繁，但政治僵局難解的特質。綜合研究機構的統計數字，在二〇〇四年，兩岸的進出口貿易額已經達到五佰億美元左右，而台灣對大陸的出超約達三佰億美元；此外，台灣對大陸的直接投資達到三十一億美元，同時在附加價值高的產業投資也明顯增加。二〇〇五年，兩岸透過「澳門模式」的協商談判，達成春節包機直航的互動；另外值得特別注意的是，在二〇〇四年間，台灣赴大陸參訪旅遊的人員，有三佰七十萬人次，而目前在大陸定居的台灣人，估計已經達到九十萬人左右。現階段，中共當局仍然堅持兩岸官方必須在「一個中國原則」的基礎上，才能夠恢復政治性的對話，但是，在二〇〇五年的四月和五月間，台灣的兩個主要在野黨領袖，已經先後赴北京訪問，並且與胡錦濤進行會談。美國方面則公開的表示，希望北京當局能夠將兩岸對話的範圍延伸到台北的執政當局，使雙方能夠透過對話，降低僵持不下的對立氣氛。

第二：隨著台海兩岸間經貿互動與人員交流的質量不斷提升，台北方面所感受到的安全威脅包括：（一）台灣的經濟資源快速流失，導致經濟實力萎縮，綜合國力弱化；（二）台灣的廠商把先進的生產技術轉移到大陸，但卻為台灣的產業培養強勁的競爭對手；（三）台灣對大陸的經貿依賴日深，並為日後中共在政治上操控台灣創造籌碼；（四）兩岸的經貿互動與人員往來密切，導致台灣內部的社會問題複雜化，同時也為日後中共動員台灣島內的社會力量，累積資源。不過，從美國的角度觀之，兩岸的經貿互動不但增加台灣的經濟能量，而且可以培養兩岸整合的社會基礎，對於促進兩岸透過對話及和平的方式化解歧見，將會有積極而正面的功能；此外，倘若兩岸間的經貿互動、人員往來，以及政治性的對話全面展開，在台灣島內的台獨人士，其影響力勢必會受到節制。換言之，台海兩岸增進經貿的互動與政治性的對話，符合美國的亞太戰略利益。

第三：台海兩岸的互動關係，隨著二〇〇八年總統大選的日益迫近，將會更加的複雜化。對於台灣內部的朝野政黨而言，如何妥善的運用兩岸關係的變化，為本身的陣營創造有利於勝選的形勢，也將成為選舉戰略規劃的重要項目之一。執政的民進黨要選擇台獨基本教義路線，或者在未來的三年執政期間，打破兩岸政治僵局，恢復兩岸的政治性對話，已經成為兩難的抉擇；同時，在面對中共的整體綜合實力明顯居於優勢的狀況下，民進黨政府能夠爭取到多少彈性的空間，一方面能讓基本教義人士接受，另一方面又能夠把在野黨邊緣化，確實是一件高難度的挑戰。

備忘錄二二七

# 台獨核武化的風險

時間：二〇〇五年十月十一日

十月十日，陳水扁在國慶演說中指出，中共不放棄以「非和平」的武力手段處理台灣問題，以及中國民主改革未能啟動、決策尚未透明化前，台灣安全是確保台灣人民生命、自由、財產的屏障；台海和平則是維繫亞太政經秩序的重要防線；台灣的自我防衛無法假手於人，只能靠自己建構足夠的國防、心防與民防。近年以來，民進黨駐美代表積極地向美國政府、國會，以及智庫相關人士遊說的重點有三：第一，台灣與中國互不隸屬，是國與國的關係，同時中國對台灣有領土併吞的野心，一旦台灣成為中國的一部份，其將構成美國在西太平洋地區利益的嚴重損失，因此，民進黨政府決心站在美國這邊，以防堵中國勢力的擴張；第二，台灣不僅在軍事戰略上選擇站在美國這邊，同時也希望在經貿合作上，選擇與美國結合建構自由貿易區，以避免在經貿領域中，成為中國的附庸或被邊緣化；第三，台灣有意在美國與中國競逐利益的格局中，選擇完全靠在美國的陣營，成為美國的軍事安全及經貿互動夥伴，並願意為美國分擔維持西太平洋戰略利益的責任。二〇〇四年八月十三日的英文台北時報（Taipei Times），在社論中公開主張，台灣需要發展核子武器的嚇阻能力，並以攻擊中國大陸十大主要城市和三峽大壩等目標，做為反制中共對台軍事威脅的「殺手鐧」。由於台北時報長期扮演民進黨傳聲筒的角色，這篇主張發展核武的社論，引起美國的高度重視，並主動要求民進黨政府解釋。雖然事後陳水扁公開表示台灣不會發展核武的政策未變，但是，這項議題卻也成為華府智庫界關注的重點之一。二〇〇五年九月二十七日，前任美國國防部主管東亞安全事務的副助理國防部長布魯克斯（Peter T. R. Brookes），在國會眾議院軍事委員會的聽證會上，提出對台灣可能會走上發展核武的憂慮；在此之前，華府智庫布魯金斯研究所，亦於二〇〇四年七月出版一本題為"The Nuclear Tipping Point: Why States Reconsider Their Nuclear Choices"的專書，並由前國防部的兩岸軍事問題專家Derek J. Mitchell，撰寫一篇探討台灣發展核武問題的分析文章。現謹將前述三份專論以要點分述如下：

第一：亞太地區的軍事安全形勢正面臨多項重大挑戰的衝擊，其中包括：中共的軍事能力快速的發展、北韓核武的威脅升高、東南亞地區連續發生恐怖攻擊事件，以及印度與巴基斯坦的軍備競賽日趨激烈等。目前，中共的國防預算支出約達七〇〇億到九〇〇億美元左右，僅次於美國和俄羅斯，居世界第三位；未來十五年間，中國大陸將會發展出世界級的軍火工業，同時在歐盟解除軍事科技出口限制，以及俄羅斯出口ＴＵ－九五和ＴＵ－二二型戰略轟炸機給中共之後，亞太地區的軍力將會明顯地向中共方面傾斜，尤其是在台海地區，更將會形成台灣的相對弱勢，甚至導致北京的誤判，進而直接對台灣採取軍事行動。

第二：布魯克斯認為，台灣在面臨台海兩岸軍力明顯失衡的威脅下，不無可能走上發展核武的險路。目前台灣有能力，有技術，同時也有管道取得發展核武所需要的材料，因此，如果台海兩岸軍力失衡到失控的地步，或是中共促統的壓力大到使台灣難以承受時，台灣可能不得不發展核武，作為戰略上反擊中共的利器；此外，布魯克斯表示，一旦台灣擁有核武後，其將可威脅到大陸的軍事要地、人口稠密地區，以及工業重鎮等，進而迫使中共在處理台灣問題時，必須要有更深一層的考量。

第三：目前，台灣當局若考慮發展核武，做為鞏固政權和軍事安全的「王牌」，其所將面臨的障礙與挑戰包括：（一）中共方面堅決的反對，甚至揚言將以武力攻台，阻止台灣擁有核武；（二）美國在反核武擴散的架構下，勢必要阻止台灣擁有核武，以避免其他國家效法跟進；（三）台灣的軍隊雖然日漸「台灣化」，但是，軍方對於藉發展核武來鞏固台獨政權的策略，其接受度恐怕不高，（四）台灣的立法院生態複雜，對於爭取發展核武的共識與預算，恐非易事；（五）台灣的核燃料主要來自美國，若美國堅決反對台灣發展核武，並以切斷核能發電為要脅，其後果嚴重；（六）台灣的媒體活動力強，政府祕密發展核武，或藉由黑市購進核彈的困難度將大幅增加。

第四：整體而言，只要台美間的軍事安全關係持續穩固，其一方面可以防範中共冒然對台採取軍事行動，另一方面也可以約束台灣考慮發展核武的意願；但是，如果美國不能保證阻止中共對台侵略，同時，台灣內部的台獨意識又不斷高漲，則整體的約束核武擴散力量，可能會失控。換言之，台灣的「核武牌」等於是向美國送出一個強烈的訊息，要求美國不要冒然的做出背棄台灣的行為。

備忘錄二三八

# 美國對中共的兩手策略

時間：二〇〇五年十月二十七日

十月十六日，中共國家主席胡錦濤在接見美國財政部長史諾和聯邦準備理事會主席葛林斯班時表示，中國大陸對人民幣匯率有既定政策，同時呼籲「尊重各國經濟發展模式的多樣性」，並強調，各國要實現持續經濟發展，關鍵是要形成符合自己國情的經濟體制和機制。然而，根據美國財長史諾在第七屆二十國集團（G二十）財長和中央銀行行長會議中的發言，美國將積極的敦促中共進行大幅度的金融改革，其中的項目包括人民幣匯率彈性、放寬外資銀行、保險公司，以及資產管理經紀公司等，進入中國大陸市場的限制等。隨後，美國國防部長倫斯斐也將於十月十八日至二十日間訪問中國大陸，並將與中共國家主席胡錦濤、國防部長曹剛川見面；同時，倫斯斐在北京訪問期間也將參觀「二砲總部」、訪問中央黨校和軍事科學院，以增加美國軍方對中共實際情況的瞭解。不過，值得特別注意的是，就在美國財長與國防部長先後訪問北京之際，美國國務卿萊斯則在中亞四國進行訪問，並與這些中亞國家（除了烏茲別克外），簽署多項能源合作和軍事合作的協定，為美國勢力深入中共的後院，奠下重要的基礎。整體而言，美國在處理與中共的互動關係上，隨著雙邊的互動利益項目趨向複雜而多元，已經逐漸發展出細緻的「兩手策略」。今年的九月二十一日，美國副國卿佐立克（Robert B. Zoellick）在「美中關係全國委員會」，發表一篇題為“Whither China: From Membership to Responsibility?”的專題演講，強調美國應該敦促中共成為全球體系中「負責任的利益擁有者」（A Responsible Stakeholder）；隨後，美國華府智庫「戰略與國際研究中心」於九月二十九日發表一篇題為“Hedging against the China Challenge”的分析；另外，十月二十四日出版的華府重要期刊「The Nation」，發表的“Revving Up the China Threat”專論中，則刻意的突顯中共在崛起之後，對美國所帶來的威脅。現謹將三篇專論的要點分述如下：

第一：隨著中國大陸整體綜合實力的成長與發展，美國國務院認為，如何與崛起的中國大陸打交道，是目前美國外交政策的核心議題。雖然美國仍然不是很清楚；中共將會如何運用其日益擴大的影響力。但是，現階段美國將積極敦促中共成為世界體系中「負責任的利益擁有者」，並與中共發展建設性的合作關係，包括就有關能源的開發、儲備，以及維護運輸線安全等。基本上，今天的中國大陸與四十年代的蘇聯有很多不同點包括：（一）中共並沒有在世界各地擴散激進的反美意識形態；（二）中共雖然還沒有民主化，但是卻也沒有將自己定位在世界民主國家的對立面；（三）中共雖積極地採取重商主義政策，但是卻沒有擺出要與資本主義對決的姿態；（四）中共的領導人認為中國大陸若要成功地發展，就必須要積極地與現有的世界體系互動，而不是準備要顛覆世界體系。因此，美國的對中共政策將會從尼克森時期所發展出來的「共同反對」思維，轉變成「共同贊成支持」的積極性思維，並逐漸與中共發展共同合作並分擔世界責任的夥伴關係。

第二：現階段，中共方面對於美國政府處理雙邊互動關係政策的穩定性與一致性，仍然有相當程度的疑慮。同時，美國與中共之間仍然有許多重大的議題尚未達成共識，其中包括：（一）台灣問題。尤其是目前美國與台灣的軍事和政治互動日益熱絡，將可能導致美「中」關係趨向不穩定；（二）反大量毀滅性武器擴散的問題。北京方面表示，美國不應把北京支持反核生化武器及彈導飛彈的擴散視為當然。必要時，美國需要提出誘因來促進雙方進行合作；（三）反恐怖主義活動。中共對於支持美國的全球反恐活動仍有四項牽制因素包括：美國介入中亞終將使中共的利益受到損害與挫折；巴基斯坦傾向美國終將使中共在南亞的利益與影響力受到壓抑；美國軍事介入伊拉克和北韓將導致美「中」關係的緊張；北京對於日益增強的日本軍備實力和積極的角色，終將會產生疑慮，並進而牽動對美日軍事同盟的排斥。

第三：隨著中國大陸經濟實力的逐年成長，以及外匯存底的快速累積，中共的軍費預算在最近幾年，均呈現兩位數的成長，而其自俄羅斯和西方國家引進的軍事技術質量，更是令人不敢輕忽。美國方面的相應措施亦日趨明顯，其中的重要動作包括：（一）二〇〇五年二月十九日，美國與日本共同宣佈將強化雙邊的軍事安全合作關係；（二）二〇〇五年六月四日，美國國防部長倫斯斐在新加坡強調，亞洲的安全威脅除了北韓的核武外，同時必須特別注意中共的軍力擴張，同時，倫斯斐並刻意質疑北京在亞洲並沒有受到軍事威脅，為何要不斷地增加軍事投射能力；（三）二〇〇五年七月，美國國防部在公開發表的中共軍力評估報告中指出，中共的軍力發展已經衝擊亞太地區的均勢，並造成對亞太相關國家安全上的威脅。

備忘錄二三九

# 中共軍事現代化的虛實

時間：二〇〇五年十一月一日

十月二十九日，美國與日本在華府舉行外交和國防部長級的「二加二」會談，並於會後公佈美日軍事同盟的轉型整編計劃。在這項新的軍事同盟執行計劃中，美日雙方決定在日本的美軍橫田基地設立「美日共同作戰中心」，並準備以米尼茲號核動力航空母艦，取代傳統動力航母小鷹號，於二〇〇八年進駐橫須賀港。此外，美國將把七千名駐日海軍陸戰隊移防至關島，同時在日本部署新型監視用雷達，並提供日本愛國者三型和標準三型的反飛彈防禦系統。根據美日相關人士的分析，這項雙邊軍事合作的戰略目標，主要是為因應中共軍力擴張，所採取的預警部署措施。今年九月上旬，美國國防部官員表示，中共新一代核動力潛艦〇九四型，已經正式下水進行實戰練習。〇九四型潛艦裝配有十六枚左右的巨浪二型潛射洲際彈導飛彈，射程達到一萬二千公里，可以直接對美國本土造成威脅，大幅度的提升中共的戰略性嚇阻能力。美國為因應此項戰略性的威脅，決定把關島建構成美國海軍在西太平洋地區的主要戰略行動中樞，並計劃到二〇〇六年時，增加部署總計達到六艘攻擊型核動力潛艦。整體而言，美軍在西太平洋的軍事戰略部署，已經顯露出日趨強化的傾向。今年十月下旬，位在美國西雅圖的重要智庫「國家亞洲研究局」

（The National Bureau of Asian Research），在新出版的「戰略亞洲」（Strategic Asia 2005-6）專書中，由沈大偉博士（David Shambaugh），撰寫一篇題為“China's Military Modernization: Making Steady and Surprising Progress”的研究報告，即針對中共軍事能力發展的虛實，提出深入的剖析，其要點如下：

第一：中共軍事現代化的發展，正以穩定甚至時有驚人進步速度的狀態下，逐漸的朝向區域性軍事強權的目標邁進。雖然中共的軍力到二〇二〇年間，還不太可能成為勢力擴及全球的第一流軍事大國，但是，以現行的發展趨勢推斷，中共的軍力將可在未來十年間，改變亞洲地區的軍力平衡形勢。基本上，刺激中共加強軍事投資，積極推動軍事現代化的結構性因素包括：（一）以優勢軍力遏制台灣獨立；（二）企圖結合經濟性和政治性的實力增長，成為全球性的強權；（三）因應亞太周邊安全環境的變化與威脅；（四）反制美國在亞太重點地區的軍力部署動作；（五）維護穩定能源供應來源的需要。此外，中共軍事現代化的速度與程度，能夠在最近的幾年間，獲得相當顯著的發展成果，其主要的促進因素包括：（一）國防預算的金額逐年增加，二〇〇五年已達到六〇〇億至九〇〇億美元的水準；（二）中共的政治領導人與共軍將領對於增強國防武力的需要，取得高度的共識；（三）中共的國防政策與共軍的作戰綱領相互配會，並能有效地逐步推動；（四）中共的軍工企業集團已應運而生，並且在彈導飛彈和巡弋飛彈的領域，發揮顯著的功能。

第二：現階段，共軍積極發展遏制台獨的軍事準備項目，主要包括：（一）運用在「斬首突擊」的精準攻擊武器，以最短的時間和最準確的方式，直接摧毀高價值的政治和軍事指揮中心；(二) 訓練特種部隊，針對關鍵性的軍事、政治、經濟目標，直接進行破壞，以癱瘓台獨領導人的指揮行動能力；(三) 運用彈導飛彈和巡弋飛彈攻擊台灣的空軍基地和機場跑道，使台灣的空軍喪失戰力；(四) 運用電磁脈衝武器、資訊戰，以及各項電子戰的機制，把台灣的指管通情作戰系統摧毀；(五) 針對左營、蘇澳、基隆、高雄等四大港口進行封鎖，切斷台灣本島的能源供應與生活資源；(六) 控制台灣海峽的制空權，開闢空中走廊，把兩棲部隊和空降部隊投入台灣島內；(七) 在台灣四週海域建立潛艦防禦網，阻絕美國海軍接近台海地區；(八) 針對美軍在西太平洋的補給線，進行監控；(九) 運用彈導飛彈及巡弋飛彈攻擊美國的航空母艦；(七) 嚇阻並防範美軍及台灣的軍隊，直接攻擊中國大陸本土的目標。

第三：整體而言，中共的國家戰略雖仍是以維持國內政局穩定、保持和諧的國際周邊環境，並積極從事經濟建設發展為主軸。但是，中共軍力的持續成長與增強，卻也是一項必須正視的新趨勢。因此，美日的戰略規劃者，應深思如何轉化共軍的戰略意圖，使中共的軍力成為亞太地區和平穩定的貢獻者，而不破壞者，其中包括：發展區域性的安全合作架構、增加各國間在經貿等領域的互賴關係、強調此地區若爆發軍事衝突所必須要付出的社會經濟代價，以及鼓勵中國大陸週邊國家與中共發展雙邊或多邊性質的軍事互信機制，進而能夠增加彼此間的軍事活動透明度，並降低雙方因誤判而爆發軍事衝突的風險。

備忘錄二三〇

# 台灣軍事現代化的虛實

時間：二〇〇五年十一月二日

十月二十九日，美國國防部負責亞太安全事務的主管艾倫准將，在歡送兩艘整訓完成的紀德級「基隆」與「蘇澳」號軍艦時表示，美國總統布希不支持台獨，也反對片面改變現狀，但是布希總統非常堅定的支持對台軍售，因為美國的軍售政策強化了美國對台海維持和平的堅持，而美國與台灣間的「防衛關係」，也是亞太區域穩定的基石；同時，艾倫准將指出，改變台海現狀對兩岸、亞太地區，以及美國人民而言，將會是一場災難；此外，其亦強調，只要台海的安全環境維持穩定，就有實質對話的機會，也就有長期和平的希望。換言之，美國積極的強化與我國的軍事合作關係，並針對國軍軍事現代化的硬體與軟體建設，提供多項的建議與支援，其主要的目的是為增強我國與中共進行實質性對話與談判的信心，而不是要為台獨提供武力基礎。目前，中共方面為加強軍事現代化進程及嚇阻台灣宣佈獨立，在國防實際支出上大幅增加，並已達到六佰億到九佰億美元的水準。面對中共軍事現代化的快速發展，美方認為，台灣必須積極投資國防建設，否則軍事力量將會相形減弱；如果台灣的軍事能力太過脆弱，將很容易引誘中共方面侵略的野心。今年十月下旬，位在美國西雅圖的重要智庫「國家亞洲研究局」，在其所出版的「戰略亞洲」（Strategic Asia 2005-06）專書中，登載一篇題為“Military Modernization in Taiwan”的研究報告，針對我國軍事現代化的現況、挑戰，以及未來發展的前景，提出深入的剖析，其要點如下：

第一：台灣在面對中共軍力快速增長的形勢下，必須強化戰力以維持台海的軍力動態平衡。此外，台灣在軍事現代化的發展過程中，正面臨六項嚴峻的挑戰與考驗包括：（一）中共正積極地推動規模龐大的軍事現代化工程，使其在未來執行解決台灣問題的行動上，獲得明顯的政治性和軍事性優勢地位。目前中共軍方正加強準備運用「速戰速決」的戰略，尤其是針對關鍵性政治和軍事決策樞紐，進行「快速斬首行動」，達成以最小代價解決台灣問題的目標；（二）台灣的朝野政治人物與軍方的領導階層，對於何謂「最佳的國防戰略」，缺乏共識，因此對於如何爭取國防預算、排列優先次序，建構合理的兵力結構，並以有效率的方式來推動軍事現代化進程，均顯露出力不從心的窘態；（三）台灣軍方內部的既得利益與保守勢力，已經構成推動「軍事事務革新」的具體障礙與阻力，並造成整體軍力提升計劃的執行成效不彰；（四）台灣政府內部的官僚體系溝通不良，並導致國防資源的嚴重浪費；（五）台灣的國防安全機制中，文官與軍官之間的合作互動關係，仍然有待加強；（六）台灣現行的政府財政能力，顯然無法支應美國的要求，採購提升戰力所需要的裝備，並導致台美軍事合作關係出現變數。

第二：現階段，台灣在推動軍事現代化的進程中，就有關兵力結構和武器系統的建設重點包括：（一）發展指揮、管制、通訊、電腦、情報的整合系統，並以建立海陸空聯合作戰能力為目標；（二）建構情報、偵察和先期預警雷達系統，防範中共對台採取奇襲式的攻擊行動；（三）加強空中及飛彈攻擊的防衛體系，建構愛國者陸基型和標準二型海基反飛彈攻擊能力；（四）加強反潛艦封鎖的作戰能力；（五）建立空中攻擊能力，包括巡弋飛彈、短程和中程的彈導飛彈，並把攻擊目標延伸到中國大陸內部的重要城市。目前，有部份的美方人士認為，台灣方面可能會在美國不知情的狀況下，用攻擊性的武器對中國大陸內部做出軍事反擊的動作，並牽動整個亞太安全形勢的變化。

第三：整體而言，台灣軍事現代化的發展，已經成為複雜而敏感的政治性難題。就台灣內部而言，朝野政黨的對峙，造成對美軍購案陷入僵局，並導致軍事現代化的具體進程嚴重拖延；就台海兩岸關係而言，中共軍力的擴張與台灣軍力的衰退，已經破壞了台海軍力的動態平衡，並可能導致中共對台灣的輕視誤判，甚至產生武力併吞、速戰速決的野心；同時，就台美的互動關係而言，原本美國擔心其對台軍售會引發中共的抗議與報復，或者讓台獨人士以為美國在暗中支持台獨，但是，現階段美國發現台灣內部真正有心想向美國買武器裝備，以強化國防能力對抗中共的人士，並不是主流，反倒是多數人士希望美國能夠以軍事援助的方式，支持台灣的軍事現代化。然而，對於美國而言，台灣現在的戰略價值，已經不符合美國軍事援助的標準，因此一再的向台灣當局表示，面對中共擴軍，台灣人民必須要求所有政黨的領袖負責，就增加國防支出達成共識。此外，美國方面認為，台灣在軍事現代化的重點上，應該強化抵抗中共第一擊的能力，以渡過兩岸軍事衝突中最危險的階段。

備忘錄二三二

# 美日中共互動格局中的「台灣因素」

時間：二〇〇五年十一月二十一日

十一月二十日，美國總統布希與中共國家主席胡錦濤，在北京舉行高峰會談，雙方就外交、能源、經貿、人民幣匯率，以及台灣問題等，交換意見；會後兩人在共同記者會上表示，美「中」將加強合作範疇，並全面推動二十一世紀的建設性合作關係；此外，胡錦濤就未來發展「中」美關係，提出五項建議包括：（一）保持兩國高層交往的積極勢頭；（二）共同開創中美經貿合作的新局面；（三）加強兩國在能源領域的互利合作；（四）加強兩國在反恐、防核武擴散、防控禽流感問題上的合作；（五）擴大兩國在人文領域的交流合作。與此同時，胡錦濤並強調，中國人依法實行民主選舉、民主決策、民主管理與監督，未來仍將繼續從中國的國情出發，根據中國人民的意願，不斷建設有中國特色的民主政治。隨後，布希總統則表示，美「中」兩國是重要的貿易夥伴，雙方都從一個自由、公正的貿易體系中獲益，同時，並希望中共政府在市場開放和知識產權保護方面，能夠有更多具體的政策措施，以保持雙邊貿易的平衡發展。十一月十六日，布希總統在日本演說時強調台灣的民主政治成就，同時也向日本方面承諾履行「美日軍事同盟」的義務。不過，綜觀布希與胡錦濤會談的內容，以及共同記者會的實況，敏感的觀察人士已經發現到，「台灣問題」在美國與中共互動的格局中，其重要性正在下降。今年十月下旬，位在美國西雅圖的重要智庫「國家亞洲研究局」（The National Bureau of Asian Research），發表一份題為"Japan-Taiwan Interaction: Implications for the United States"的研究報告，既針對美日中共互動中的「台灣因素」，提出深入的剖析，其要點如下：

第一：現階段，美日重要智庫在探討「台灣因素」，對美日中共戰略互動的影響時，至少會提出五項研究問題包括：（一）當台海發生軍事危機時，在何種戰略性和政治性的情況之下，日本會儘其所能地對美國提供必要的支援？（二）目前在台灣與日本之間，有那些非正式的政治性和軍事性的互動，正在進行當中？（三）目前熱絡進行中的台日科技貿易互動，是否具有潛在的國防科技合作機會？（四）目前的日「中」關係如何影響到日台關係？（五）美國防 台灣的必要部署與措施，將如何影響到美國與日本的互動關係？

第二：「台灣因素」在美日中共互動的戰略格局中，擁有四項可供操作的空間包括：（一）台灣在東北亞的地理位置，促使東京與華府共同認為，維持台海現狀，即台海兩岸分治局面，對美日有利，但是，對於中共而言，統一台灣的重要性與急迫感正在增加，同時，共軍的持續擴軍已經促使美日產生焦慮，並憂心中共企圖改變台海的現狀；（二）台灣所擁有的民主價值與實踐成果，即「民主議題」有效地延阻中共統一台灣的時程，同時也為台灣增添影響華府與東京的力量；（三）中共一再強調不放棄「以武促統」，反而增加台灣發展與美國軍事互動的機會，因為美國必須認真準備最壞情況的出現；（四）台灣問題是美國盟邦觀察其信用度的重要指標，但是，這種壓力也促使台灣方面認為，美國將無條件支持台灣。

第三：除非中共方面使用武力強行攻佔台灣，或者中國大陸在實行民主化之後，以民主方式統一台灣。目前，美日兩國均很難看出台海兩岸有立即統一的條件。因此，美日均以維持最低成本的觀點，認為兩岸關係以「不統不獨」的現狀，最為有利。因為這種現狀一旦改變，將迫使美日付出金錢的代價，或者將破壞其他必須與中共採取合作立場才能確保的利益。不過，美日兩國的軍事同盟架構，有必要提升台灣角色的份量。但是，美日兩國均必須認知，台灣的重要性並不足以升高到軍事同盟者的地位，因為這種狀況將會帶來嚴肅的政治問題。然而，倘若中國大陸與台灣結合成為一體，則整個南中國海將變成真正的中國海。換言之，當中國大陸與台灣結合成為一體時，可能會產生極為嚴重的戰略性問題，此也正是美日持續進行戰略性對話，所必須密切關注的重點。

第四：當前的台海情勢正面臨質的變化，對於美國而言，其必須審慎處理的重點項目包括：（一）認真對待台北當局高危險性並可能導致誤判的動作，以降低美「中」在台海引爆軍事衝突的風險；（二）密切注意並適度配合北京對遏制台獨所祭出的「非軍事性措施」，以減低軍事性的緊張局面；（三）鼓勵北京多採取政治性的嚇阻台獨措施，以取代軍事性的嚇阻動作，讓台海兩岸恢復和緩的互動關係；（四）美國想要促使亞太地區盟國，相信美國對軍事同盟的承諾，就有必要增加與日本方面討論台灣問題的程度。

備忘錄二三二

# 美國在亞太地區軍事現代化的虛實

時間：二〇〇五年十一月二十四日

十一月二十日，美國國務卿萊斯在北京向白宮記者團簡報時指出，美國積極地向中共方面就軍力成長之事表達關切，而中共當局持續表示他們追求和平發展的目標不變；萊斯強調，如果真是和平發展當然很好，但是另一方面，美國也要在亞太區域內，保持動態的軍力平衡；最後，萊斯表示，六十年來，美國一直在亞太區域平衡及安全一事扮演積極角色，今後將會繼續下去。今年的十月二十九日，美日兩國官員在美國國防部舉行會議，並於會後發表「美日軍事同盟展望」的期中報告，其要點包括：（一）在飛彈防衛、反恐對策、維和、相互後勤支援、港灣、機場使用等項目上，加強美日防衛合作；（二）自衛隊和美軍之間的情報合作，提高相互運用，並擴大共同訓練及共同使用設施；（三）日本航空自衛隊總司令部移防橫田基地，並設置美日共同統合運用調整所；（四）美國陸軍新司令部移設座間營區，並設置日本陸軍自衛隊中央立即反應集團司令部；（五）美第三海軍陸戰隊官兵七千名移防關島；（六）航空母艦積載戰機由厚木基地移防岩國基地；（七）日本航空自衛隊總司令部於橫田基地和美國的第五空軍司令部併置；（八）普天間空中加油機移防鹿屋基地。整體而言，美國為因應中共軍力在亞太地區的持續成長，已經與日本和其他盟國，展開新一輪的軍力部署，希望能繼續保持以美國為主導的區域平衡與安全。今年十月下旬，位在美國西雅圖的重要智庫「國家亞洲研究局」，在新出版的“Strategic Asia 2005-06”專書中，發表一篇題為“U. S. Military Modernization: Implications for U. S. Policy in Asia”的報告，即針對美國在亞太地區軍事現代化的虛實，提出深入的剖析，其要點如下：

第一：美國在亞太地區有必要運用「先發制人」的手段，保持戰略的主動性與優勢地位；同時，美國的軍事安全戰略必須與經濟性的目標結合，其中包括：保障重要航線的安全、維護能源供給的穩定、開拓經貿的重要市場和商業機會，以及對美國企業人員生命財產安全的保護等。此外，美國將公開強調其在亞太地區的主要利益包括：（一）保護亞洲地區的民主國家和民主價值；（二）維持亞太地區主要航道與航線的安全順暢；（三）防阻大量毀滅性武器的擴散；（四）消滅全球的恐怖主義組織，以保障人口密集地區的穩定與安全。

第二：美軍在亞太地區能夠繼續維持優勢的軍力，主要是憑藉：（一）整齊的人員素質；（二）先進的軍事科技；（三）嚴格的部隊訓練；（四）全球性的作戰部署；（五）快速的軍隊派遣能力等。現階段，美軍在規劃亞太軍力部署時，內部出現三種不同的意見包括：（一）發展「網狀化中心作戰」系統；（二）發展「太空優勢作戰」系統；（三）發展「全球通吃作戰」系統。布希政府考慮加速整合此三項作戰系統的思維和優劣，積極建立其在亞太地區的優勢軍力。然而，美軍在建構亞太地區的軍力時，開始面臨較複雜的國際政治經濟環境。就有關部隊的部署方面，美軍在亞太地區現有十萬名駐軍；同時，美國與澳大利亞、新加坡、泰國、馬來西亞、菲律賓、南韓，以及日本等，都有不同程度的軍事合作關係。整體而言，美國的戰略思維傾向於把部隊人員，逐漸移回美國的領土，並要求盟國分攤較多的防衛人力；此外，美國在強化亞太地區的軍事能力時，也希望亞太盟國增加軍費支出，添購美製的先進武器，以共同負擔維持亞太地區和平穩定的成本。不過，美國的戰略構想與佈局，已經分別在南韓和澳大利亞等地區，遇到反對的阻力。究其主要原因乃是由於南韓和澳大利亞等國，與中共的經貿互惠關係日益密切重要，並促使該國的主流民意傾向於認為，其並無必要被迫在美國與中共間選邊，造成本國的經貿利益損失。

第三：美國的亞太軍事戰略規劃者認為，台海地區、朝鮮半島，以及南亞地區等，是現階段亞太地區，最有可能爆發軍事衝突的地區。因此，美國有必要針對這些地區的特性，提前準備各項軍事應變的計劃，以防範美國的主導性優勢受到破壞。此外，美國在南亞地區必須針對巴基斯坦的政局變化，準備各項應變措施，其中包括當巴基斯坦發生動亂時，美國必須在恐怖組織獲得巴國核武之前，先把巴基斯坦的核武摧毀，以防範核武落入恐怖組織的手中，並成為攻擊西方國家主要城市的致命武器。

第四：現階段，美國在強化其亞太地區軍力優勢的部署規劃上，有三項重點工作包括：

（一）維持完整的軍事能量，包括高科技武器和相當數量的地面部隊，以因應各種不同性質的軍事衝突狀況；（二）繼續保持廣佈亞太地區的軍事基地，以強化軍力調遣的彈性與靈活度；（三）保持與亞太地區盟國的密切互動，使美國的軍隊能夠順利的獲得前進基地，並且在用兵的正當性上，獲得較有利的政治支持。

備忘錄二三三

# 中共高科技發展與軍事現代化關聯性

時間：二〇〇五年十二月一日

自「一九八九年天安門事件」以來，美國對中共持續採取高科技出口管制措施，同時，也對中共向伊朗、伊拉克、巴基斯坦，以及北韓等國家，輸出核生化武器設備、技術，以及彈導飛彈技術等，進行經濟性的制裁。然而，美國的高科技廠商，眼見中國大陸市場商機拱手讓給俄羅斯、以色列、英國、法國、德國，以及日本的高科技業者，已經對政府的管制政策和制裁措施，感到不奈與困惑，並紛紛要求政府部門重新檢討此項政策。據瞭解，布希總統於今年十一月赴北京與胡錦濤進行會談時，亦曾針對高科技出口管制議題，進行深度討論。日前美國政府對中共所實施的出口管制項目主要包括：（一）核子武器擴散的相關技術與設備；（二）彈導飛彈的相關技術、設備，以及主要零件；（三）高功能的電腦設備及相關軟體；（四）生物化學戰劑的生產、製造、研發技術及設備；（五）犯罪控制的技術，例如指紋辨識系統；（六）能夠直接而明顯地增強中共軍事能力，其中包括提升電子戰、反潛作戰、情報蒐集能力、武力投射能力，以及空中優勢戰力等的科技產品。不過，根據美國國防情報局的資料顯示，中共的軍力發展在近三年以來，出現了相當驚人的進步。今年九月間，美國國防部發表的

「二〇〇五年中共軍力評估報告」，對於中共的核武投射能力、潛艦作戰能力、巡弋飛彈攻擊能力，以及若干高科技軍事能力的發展動向，即表示其有需要開始進行預警因應的準備措施。今年十一月下旬，美國華府重要智庫「哈德遜研究所」（Hudson Institute），即發表一份題為"China's New Great Leap Forward : High Technology and Military Power in the Next Half-Century"的研究報告。全文針對中共在美國對其進行高科技出口管制的狀況下，仍然能夠發展出多項先進的軍事科技與能力，提出深入的剖析，其綜合要點如下：

第一：現階段，中共當局雖然面臨嚴峻的經濟發展結構性瓶頸，包括貧富差距擴大、地區發展差距擴大、金融體系呆帳嚴重、水資源匱乏、環境污染嚴重、官員貪腐逃稅，以及傳染疾病滋生等問題，但是，中共當局對於如何結合科技的發展與軍事力量的建設，以邁向先進的科技軍事大國目標，已經有清楚的輪廓與藍圖。同時，中共領導階層認為，中國大陸能否成為世界級的大國，自主性的科技能力水準將是重要的關鍵。因此，在二〇〇五年間，中共方面運用在科研支出的經費，已經達到美國同年水準的三分之一、歐盟的二分之一，並已超過日本，成為全世界第三大科研經費支出國。倘若中共方面的科研支出經費，以每年成長百分之十五的水準估計，到二〇一〇年時，中共科研經費支出將與美國和歐盟的水準大幅拉近。除此之外，在二〇〇四年間，中國大陸百分之七十左右的外國投資金額，主要是投入在資訊、通訊、機械、汽車，以及生技製藥等產業，並促成接近七百個高科技研究發展中心應運而生。與此同時，中共方面積極支持的高科技研發計劃，在近兩年以來，亦開始展現成果，其中包括：（一）準備發射一百枚人造衛星，建構全球性的觀測系統；（二）建構運用新推出的上海超級電腦；（三）推出自主研發的六十四位元中央處理器晶片；（四）奈米材科技術的突破；（五）生物技術的快速發展與突破。整體而言，由於中共當局對於科研發展的高度重視與大力支持，目前，美國在科技能力上對中國大陸大幅領先的現象，已經有所改觀。

第二：中共當局積極地企圖把高科技研發的成果，運用在強化軍事能力的目標上，同時，中共並仿照美國的「軍工複合體」模式，建立多項策略性高科技發展重點項目，其中包括：（一）電磁脈衝武器、雷射武器、天氣武器，以及微波武器等新概念科技；（二）精準制導炸彈、反制隱型戰機和巡弋飛彈武器，以及攻擊航母及機場的巡弋飛彈；（三）強化潛射洲際彈導飛彈的打擊能力，包括：垂直發射技術、導彈推進器和導航系統、改變彈道以強化存活率和精準度的技術、提升潛艦性能技術和彈頭爆炸威力等。中共軍方領導人強調，潛射洲際彈導飛彈的打擊能力，對於控制戰局，爭取主導性和先發制人的威懾性，將具有關鍵性的效果。

第三：隨著中共與俄羅斯之間的軍事科技交流互動，日益密切頻繁。中共方面在太空科技的發展亦有顯著的突破。「神舟六號」的發射成功，已經正式向美國方面表示，中共的太空軍事科技，將不再只是紙上談兵。現階段，中共運用太空科技發展的軍事能力項目包括：（一）太空資訊戰；（二）太空反衛星戰，以雷射攻擊衛星或運用電磁波摧毀衛星中的電子設備；

（三）太空反飛彈武器；（四）運用太空武器攻擊地面、空中或海面的重要軍事目標。目前，中共正積極發展太空科技，並計劃在二〇一五年完成「天軍」的部署，把太空科技與軍事力量結合起來，組建「第六維」的兵力結構。

備忘錄二三四

# 台海兩岸軍事衝突的可能狀況分析

時間：二〇〇五年十二月三日

亞太地區是中共在二十一世紀初期，與美國競逐戰略利益的場所；同時，台灣海峽也已經成為兩強權力交鋒的焦點。中華民國未來的生存與發展，不可能無視於中共的崛起與擴張，更無法自外於「兩岸三邊」（台北－北京－華府）互動的框架。對於美國而言，維護台灣海峽的和平與穩定，已成為其在亞太地區，處理國防安全戰略事務的一項重大考驗。然而，從中共的角度觀之，征服台灣就等於是瓦解了美國在亞太地區的盟主地位。近幾年以來，美國中央情報局長和國防情報局長，均曾經先後在國會的聽會上表示，台灣內部的台獨勢力高漲，已促使台海地區發生軍事危機的可能性明顯上升；然而，從中共當局的國家安全戰略思維邏輯觀之，共軍則已經把美國在亞太地區的駐軍及其與各國的軍事合作關係，包括「美日防衛合作指針」、戰區飛彈防禦系統的部署、對台軍售等，視為其解決「台灣問題」，以及取得海疆戰略縱深優勢的障礙；此外，美國更將因中共在亞太地區的軍力和影響力日益強化，而備感不安。換言之，台灣海峽潛在軍事危機的根源，主要是來自於美國與中共之間，在亞太地區的戰略利益競逐。今年九月十五日，蘭德公司（The RAND Corporation）專家克里佛博士（Roger Cliff），在美國國會的「美中經濟與安全檢討委員會」（The US-China Economic and Security Review Commission），針對台海兩岸軍力動態平衡及軍事衝突的可能狀況，提出專題報告；隨後，位在美國華府的研究智庫「哈德遜研究所」，亦曾在今年十一月下旬發表的研究報告中，就有關台海兩岸衝突的想定（China-Taiwan Conflict Scenarios），提出深入的剖析，現謹將兩份報告的綜合要點分述如下：

第一：隨著中共的軍事能力日益強化，美國在西太平洋的軍事安全戰略部署，也開始準備各項因應的策略措施。基本上，美軍不僅要客觀的評估中共軍力增強的程度，同時還要考量到其對美軍安全所造成的威脅與衝擊；此外，美軍太平洋總部也必須妥慎地規劃台海地區的軍事應變計劃，一旦中共決定主動出兵對台侵略，美國也必須根據台灣關係法，發揮優勢的軍力以嚇阻共軍的行動，或者運用強大的兵力打敗中共的侵略行為。

第二：美國的軍事戰略規劃者認為，中共若企圖在台海地區用兵，並有效防阻美軍的介入，或者打敗美軍，其可能採取的軍事戰略原則有七點包括：（一）把握衝突的初期階段並發揮強力攻勢嚇阻美軍介入；（二）發揮奇襲式的攻擊以取得戰局的主導優勢；（三）運用先發制人的戰略，在對台攻擊之前，先對美軍在此地區的軍隊發動攻擊；（四）發揮先發制人的奇襲戰法，造成美軍重大傷亡，進而嚇阻美軍介入；（五）揭示有限性戰略目標，快速佔領台灣造成事實，促使美軍評估無介入必要；（六）避免與美軍正面迎戰，而是採取重點打擊的方式，攻擊美軍的指揮、資訊、通訊、武器系統，以及重點補給線；（七）運用飽和攻擊的戰略，針對少數重點目標，例如航空母艦等，集中火力猛攻。

第三：美軍在規劃台海地區的軍事應變計劃時，必需把共軍的戰略思維和可能運用的作戰策略措施納入考量，並提出反制的運作要點包括：（一）強化空軍基地和油料儲存基地的防衛措施，以防範共軍的奇襲；（二）在重點地區的軍事基地附近，部署海基型和陸基型的反飛彈體系；（三）在重要的軍事基地、指揮中心、通訊觀測站、儲油站、後勤維修基地，部署反特種部隊作戰的兵力；（四）把亞太地區重點兵力的部署分散，以降低奇襲先制攻擊的效果；（五）在亞太地區增加海上作戰平台，以發揮優勢空中戰力，防範共軍先制攻擊奏效。現階段，美軍的航空母艦戰鬥群從夏威夷基地出發，需要七天才能抵達台灣附近海域。因此，美軍在台海地區的軍事應變計劃，有必要考慮運用日本橫須賀基地、新加坡的樟宜港基地，以及關島海軍基地。因為從這些海軍基地出發的航空母艦戰鬥群，只需要花費兩天半到三天的時間，就可以抵達台灣週邊海域的戰鬥位置。

第四：台灣的軍隊在規劃因應來自中共的軍事攻擊時認為，共軍對台軍事侵略的策略主軸包括：（一）防阻美軍的干預威脅；（二）對台實施精準空襲，例如運用巡弋飛彈及彈導飛彈執行斬首策略；（三）發動資訊戰；（四）運用特種作戰部隊措施，使台灣的軍隊措手不及，無法實施反擊。此外，台灣的軍隊表示，一旦共軍對台發動軍事攻擊行動，台灣的軍隊也將會採取反制的措施，其中的重點包括：（一）長程精準攻擊，摧毀大陸內部重要的軍事和政治經濟中心；（二）運用資訊戰和電子戰的兵力，對共軍反擊；（三）運用海上及空中的戰力，化解共軍對台灣海域的封鎖。目前，美軍太平洋總部的戰略規劃者認為，美軍在台海地區的軍事應變計劃，仍然可以保持資訊戰、反潛作戰、反艦作戰，以及制空權掌握的優勢；但是，在十五年後，當共軍能夠有效地結合高科技與軍事能力的發展，組成新的軍隊時，美軍認為其原先擁有的優勢局面將可能會改變。

備忘錄二三五

# 台灣對美軍購案的政治經濟分析

時間：二〇〇五年十二月十八日

十二月十七日，國民黨主席馬英九先生針對「對美軍購案」公開表示，「台灣需要適當的防衛力量，但反對凱子軍購」；同時馬主席強調，美國的態度很清楚，台灣防衛需求是由台灣自己決定，美國未壓迫台灣購買任何武器；台灣到底需要什麼樣的防衛需求？要考慮到國防需要、兩岸關係、政府財力，以及民意反應。在此之前，陳水扁亦於十七日早上在基隆公開指出，三大軍購案到底怎麼編，應請立法院明示，行政部門絕對配合斟酌辦理；同時陳水扁亦重申，為強化並提升我國自我防禦能力，國防預算在二〇〇八年，將達到國民生產毛額（GDP）的百分之三。然而，這場藍綠陣營交鋒長達一年半的「對美三大軍購案」，是否能夠跳脫原地踏步的僵局，運用編入一般年度國防預算案的方式，獲得解決，卻仍難令人樂觀。整體而言，陳水扁政府一方面搞制憲台獨使兩岸陷入緊張關係，一方面又以國家安全為由，堅持以高價購買軍備，根本就是「一手玩火，一手救火」；同時，對美軍購問題不只是價格問題，更是涉及到兩岸關係和台美關係的戰略性問題，尤其應該思考如何避免陷入兩岸軍備競賽，或者成為「美日軍事同盟」圍堵中共的「砲灰和馬前卒」；此外，美國政府在二〇〇一年四月決定出售潛艦等先進武器給台灣，其所根據的戰略基礎，在同年九月十一日的恐怖攻擊事件之後，已經出現結構性的調整，因此對於原先承諾我國順利購得潛艦的積極態度，也轉變成被動消極，並一再地要求我國先把錢準備好再來想辦法。換言之，民進黨政府在美國同意對台軍售案後，將此案凍結三年，當成二〇〇四年選總統的籌碼，然後才以原本只要二、三千億元的軍購案提高到六千多億元，實在非常不合理。吾人面對錯綜複雜的「對美三大軍購案」，有必要對美國重要智庫的相關研究報告，進行深入的瞭解，以利國人做出最有利於國家社會的決定，其中包括「國家亞洲研究局」（The National Bureau of Asian Research）於今年十一月中旬出版的專書，題為"Strategic Asia 2005-06: Military Modernization in an Era of Uncertainty"；「國際安全」季刊（International Security）於今年三月發表的專題研究，題為"China Engages Asia: Reshaping the Regional Order"；美軍太平洋總部「亞太安全研究中心」（Asia-Pacific Center for Security Studies）於去年四月所發表的三篇有關對台軍售的專題研析。現謹將五份美方智庫研究報告的內容，以綜合要點分述如下：

第一：現階段，中共的國家戰略雖仍是以維持國內政局穩定、保持和諧的國際週邊環境，並積極從事經濟建設為主軸；但是，中共軍力的持續成長與增強，卻也是一項必須正視的新趨勢。因此，美國的戰略規劃者應深思如何轉化共軍的戰略意圖，使中共的軍力成為亞太地區和平穩定的貢獻者，而不是破壞者，其中包括：發展區域性的安全合作架構、增加各國間在經貿等領域的互賴關係、強調此地區若爆發軍事衝突所必須要付出的社會經濟代價，以及鼓勵中國大陸週邊國家與中共發展雙邊或多邊性質的軍事互信機制，進而能夠增加彼此間的軍事活動透明度，並降低雙方因誤判而爆發軍事衝突的風險。

第二：台灣軍事現代化的發展，已經成為複雜而敏感的政治性難題。就台灣內部而言，朝野政黨的對峙，造成對美軍購案陷入僵局，並導致軍事現代化的具體進程嚴重拖延；就台海兩岸關係而言，中共軍力的擴張與台灣軍力的衰退，已經破壞了台海軍力的動態平衡，並可能導致中共對台灣的輕視誤判，甚至產生武力併吞、速戰速決的野心；同時，就台美的互動關係而言，原本美國擔心其對台軍售會引發中共的抗議與報復，或者讓台獨人士以為美國在暗中支持台獨，但是，現階段美國發現台灣內部有心想向美國買武器裝備，以強化國防能力對抗中共的人士，並不是主流，反倒是有較多數的人士希望美國能夠以軍事援助的方式，支持台灣進行軍事現代化。不過，對於美國而言，台灣現在的戰略價值，已經不符合美國軍事援助的標準，因此一再的向台灣當局表示，面對中共擴軍，台灣人民必須要求朝野政黨領袖，就增加國防支出的議題達成共識；此外，美國方面認為，台灣在軍事現代化的重點上，應該強化抵抗中共第一擊的能力，以度過兩岸軍事衝突中最危險的階段。

第三：布希政府處理台海問題的決策思維基礎包括：（一）堅守美國的一個中國政策立場和「三公報一法」的架構；（二）遵循台灣關係法的規範，繼續提供台灣防　性武器，以保持兩岸軍力的動態平衡；（三）明確表示反對兩岸任何一方做出片面改變現狀的言行，既不支持台灣獨立，也反對中共用武力併吞台灣；（四）美國的政策仍將積極支持中國大陸的政治民主化，因為美國認為，大陸社會越開放、越自由，將會提近兩岸生活方式與政治制度的差距，同時也將為未來兩岸和平解決爭端，增加成功的機會。

備忘錄二三六

# 中國大陸經濟發展的虛實

時間：二〇〇五年十二月二十日

十二月十六日，美商投資銀行高盛亞洲公司中國經濟首席分析師梁紅指出，中國大陸將於本月二十日，公佈統計方法調整後的國民生產毛額（GDP），預估將比現值的一兆八仟億美元放大百分之二十，並超越英國和法國，成為全球第四大經濟體（僅次於美國、日本和德國）。不過，全球知名的波上頓企管顧問公司在最新公佈的調查報告卻強調，中國大陸貧富差距正迅速擴大中，並已接近引發社會不穩定的臨界點。目前，中國大陸不到百分之零點五的家庭，擁有全大陸百分之六十以上的個人財富，與美國相比兩者相差十倍。雖然中國大陸的市場在需求面和供給面等，都呈現出正面發展的強勁態勢，但是，中國大陸有百分十四左右的人口，約達一億八仟萬人每天的生活費不到一美元；另外有百分之四十的人口，約達五億二仟萬人每天的生活費少於二美元。換言之，中國大陸的經濟結構是否會發展成「二元經濟結構」，造成貧富懸殊對立和地區發展差距的對立，已經成為中國大陸經濟和社會發展的最大隱憂。十二月十五日，中共國務院發展研究中心金融研究所官員指出，雖然中長期看，中國大陸勞動生產率持續高於美國，人民幣仍有升值的潛力，但處於轉型中的中國大陸經濟，目前有二兆多元人民幣的社會保障資金缺口、一兆多元人民幣的銀行不良資產，以及一些地方政府難以測算的巨額債務。換言之，中國大陸將可能會運用一定數量的外匯儲備，適時推出相關的改革措施，包括消化巨額不良資產、解決社會保障體系的欠帳、用於各種戰略儲備和重大設施的建設，以主動地化解人民幣升值的壓力。今年十一月中旬，位於美國西雅圖的重要智庫「國家亞洲研究局」（The National Bureau of Asian Research），在最新出版的 "Strategic Asia 2005-06" 專書中，發表一篇題為 "China's Economic Growth: Implications for the Defense Budget" 的專論，由哈佛大學經濟學教授Dwight Perkins撰稿，針對中國大陸經濟發展的虛實，提出深入的剖析，其要點如下：

第一：中國大陸的經濟發展趨勢，在二〇〇四年能夠繼續保持百分之七左右的經濟成長率，並吸引到將近六佰億美元的外資，創造高達九仟伍佰億美元的進出口貿易總額，而外匯存底也已經累積到六仟五佰億美元的水準。但是，整體而言，中國大陸的經濟發展形勢卻面臨趨於嚴峻的結構性瓶頸，其中包括國內市場的有效需求不足、農民收入成長緩慢、城市及農村失業人口不斷增加、所得差距日益擴大、國有企業「老大難」問題苦無解決之道、市場經濟體制中的法治規範嚴重匱乏、工業快速發展地區的環境急速惡化、官僚貪污腐敗問題有增無減、工業城市的失業勞工對社會不公的反感加劇、國有企業的人力過剩但競爭力卻不足、政府銀行企業「三角債」的包袱高達五千億美元。此外，值得特別重視的是，中國大陸在未來二十年間，必須妥善的安置高達三億五仟萬到四億，從農村遷往城市尋求生活機會的流動人口，以防範社會出現失控脫序的狀況。

第二：目前中國大陸最嚴重的經濟問題，第一是銀行體系的呆帳越築越高；第二是虧損國企這個老、大、難的問題，尤其是這些嚴重虧損的國有企業，正在加速地拖垮整個銀行體系；第三則是農民收入始終無法提升的問題，而中共當局也已將此項難題，視為威脅社會穩定的重大挑戰。此外，根據大陸加入世界貿易組織所簽署的協議，中國大陸最遲要在二〇〇七年，就必須要全面開放外資銀行進入市場，並准許其經營人民幣業務。倘若大陸的銀行體系不進行改革，屆時將很難與經營效率高的跨國企業銀行競爭。目前大陸銀行體系呆帳嚴重的問題根源，正是嚴重虧損又缺乏競爭力的國有企業。中共當局意圖運用新成立的「國有資產管理委員會」，來解決國企虧損的問題，但是，單單成立機構，卻無法從根本強化國有企業競爭力的核心問題著手，其是否能夠真正面對問題，並進一步解決問題，仍待觀察。

第三：中國大陸自一九九三年開始已經成為石油能源的進口國，預計未來大陸的經濟成長，其依賴進口能源和原物料的比例會快速攀升。根據美國能源資訊局的統計顯示，二〇〇〇年時，大陸每天要消耗四百七十八萬桶的原油；到二〇二〇年時，大陸每天預計要消耗一千零五十萬桶原油，並且將取代日本成為僅次於美國的原油消費大國；此外，其亦估計，大陸到二〇二〇年時仰賴進口原油比例將高達百分之六十以上。因此，中共如何確保自中東，經由印度洋、麻六甲海峽、南海、台灣海峽、到大陸東岸的航線安全，以維持穩定的石油和原物料供給，勢必將成為中國大陸經濟持續發展的重要關鍵，同時，也將會成為中共部署其國防安全戰略，強化軍事力量的重大課題。

備忘錄二三七

# 台灣面對中共威脅的弱點

時間：二〇〇六年一月二日

一月一日，陳水扁在元旦文告中表示，民進黨政府堅持繼續推動「新憲公投」計劃，並將在二〇〇六年提出新憲草案，隨後在二〇〇七年舉辦公民投票決定新憲法。國民黨主席馬英九在聽完陳水扁的談話後指出，當全民期待政府拼經濟時，陳水扁還在拼政治，台灣只會繼續往下沈淪。基本上，以陳水扁為首的民進黨核心人士認為：台灣的主流民意傾向於在維持政治自主性的基礎上，與中國大陸發展建設性的經貿互動關係；中共當局雖然表示台獨意味戰爭，但是面對美國的優勢軍力，亦有所顧忌；美國政府與國會雖堅持「一個中國政策」，並表明不支持台灣獨立，但仍認為兩岸維持分裂態勢，有利於美國在西太平洋的戰略佈局。因此，陳水扁等民進黨人士在元旦文告中執意推出「公投新憲」的主張，並刻意強調「積極管理，有效開放」的兩岸政策指導原則，其目標則是在於突顯台灣的主權國家地位，並達到「分化藍軍、激怒中共、爭取美日右翼勢力支持」的效果，為二〇〇八年總統大選累積籌碼。然而，就在這種選舉掛帥，台獨意識型態治國的狀況下，我國的綜合國力每況愈下，甚至連國際人士都開始憂心，台灣將如何面對日益崛起的中共，而能夠爭取到對等協商的地位，以及談判的籌碼。二〇〇五年三月，美國的「外交事務雙月刊」（Foreign Affairs），發表一篇由李侃如博士（Kenneth Lieberthal）撰寫的專論，題為“Preventing a War over Taiwan”；二〇〇三年三月，美軍太平洋總部智庫「亞太安全研究中心」，亦發表題為“Taiwan's Threat Perceptions : The Enemy Within”的研究報告；此外，在二〇〇二年七月，美國喬治城大學教授唐耐心（Nancy Bernkopf Tucker）則在The Washington Quarterly，發表一篇題為“If Taiwan Chooses Unification, Should the United States Care ?”的專論。這三份具有深度的研究報告共同指出，台灣在面對中共威脅時，其真正的問題卻來自於內部。現謹將綜合要點分述如下：

第一：中國大陸已經成為全球的製造業基地；隨著其與世界各國經貿互動的強化，中國大陸成為全球性的經濟強權，也只是時間的問題。倘若美國無法運用其與中國大陸在經貿與科技上互動的籌碼，將中共引導成為對世界秩序維持的貢獻者，屆時，中共將可能成為美國利益的競爭者，而美國要想對中共的國際行為進行牽制或影響，也將會難上加難。與此同時，台灣與大陸間的互動也出現了史無前例的密切程度，儘管中共方面祭出的「一國兩制」解決藍圖，並不能為雙方未來的發展提供明確的方向，但是，毫無疑問的是，台灣的經濟繁榮將明顯地受制於北京與台北間政治關係的變化。

第二：當中共的綜合實力不斷增加的同時，台灣的綜合實力卻因為遲遲無法解決最基本，但卻相當困難的問題，而快速地衰退。這些嚴重傷害台灣實力的難題包括：（一）整體民心士氣在面對中共心理戰所顯露的脆弱程度；（二）朝野政黨及政治精英對攸關國家共同利益的兩岸關係政策，嚴重地缺乏共識；（三）台灣的國防體系需要建立具有連貫性的戰略與政策，並在結構上進行全面性的改革；（四）台灣缺少促進經濟產業升級所需要的基礎建設。根據研究小組對台灣的政府官員、學者專家，以及工商界人士進行訪談的結果顯示，多數受訪人士認為，中共對台灣的威脅，主要是以政治和經濟的手段為主，武力手段反倒是其次。然而，多數人士深切地表示，台灣內部遲遲無法就前述的四項難題，提出有效因應化解之道，才是台灣整體安全的最嚴重威脅。基本上，台灣的經濟實力越弱，其能與中共協商談判的籌碼也就越單薄。目前，除非台灣在經濟產業升級的基礎建設有結構性的轉變，否則，其將無法阻止資金、技術與人才快速地往中國大陸移動。

第三：談到中國統一，美國方面只想到中共可能採取武力併吞台灣，卻很少想到台灣方面可能主動選擇與中國大陸融合。美方人士曾經一再地強調，只要雙方以和平方式化解歧見，美國將不會在意其結果。不過，台海兩岸統一對美國而言，也有一個相當重要而明顯的好處，就是排除了一個可能把美國捲入軍事衝突的「發火點」。儘管兩岸統一可能會損害到美國若干的利益，但是相較於消除引爆美中軍事衝突的發火點，或者立即並且全面降低美中雙方的摩擦衝突風險，那些因兩岸統一而導致的不利損失，也可以算是化解戰爭危險的代價。目前美國方面已經有幾套方案，可以提供給台灣方面用來抗拒兩岸融合。北京方面亦刻意地強調，美國運用

「對台軍售」及「政治民主」，來延阻兩岸的統一進程。然而，美國與北京方面都忽略了一個關鍵，也就是台灣人民意願的變化。目前多數的台灣人民希望在經濟上加強與大陸互動，但仍堅持政治的自主性。不過，一旦多數的台灣民眾願意選擇與大陸融合時，美國又如何能夠阻止呢？

備忘錄二三八

# 美國與中共互動關係的發展趨勢

時間：二〇〇六年一月五日

二〇〇五年九月二十一日，美國副國務卿佐立克（Robert B. Zoellick）在「美中關係全國委員會」，發表一篇題為“Whither China : From Membership to Responsibility ?”的專題演講，強調美國應該敦促中共成為全球體系中「負責任的利益擁有者」（A Responsible Stakeholder），並認為美國如何與崛起的中國大陸打交道，是目前美國外交政策的核心議題；包括就有關能源的開發、儲備，以及維護運輸線安全等，美國均計劃與中共加強發展建設性合作關係。不過，現階段，中共方面對於美國政府處理雙邊互動關係政策的穩定性與一致性，仍然有相當程度的疑慮。同時，美國與中共之間仍然有許多重大的議題尚未達成共識，其中包括：（一）台灣問題；（二）反大量毀滅性武器擴散的問題；（三）反恐怖主義活動。基本上，中共對於支持美國的全球反恐活動仍有四項牽制因素包括：美國介入中亞終將使中共的利益受到損害與挫折；巴基斯坦傾向美國終將使中共在南亞的利益與影響力受到壓抑；美國軍事介入伊拉克和北韓將導致美「中」關係的緊張；北京對於日益增強的日本軍備實力和積極的角色，終將會產生疑慮，並進而牽動對美日軍事同盟的排斥。二〇〇五年十一月，美國史坦佛大學胡佛研究所出版的「中國領導人觀察」（China Leadership Monitor, No.16），發表一篇由Thomas J. Christensen撰寫的專題研究，題為"Will China Become a Responsible Stakeholder ?"；同年十二月，美國副總統錢尼的前任國家安全顧問Aaron L. Friedberg，在哈佛大學出版的「國際安全」（International Security）中，亦發表一篇題為"The Future of U.S-China Relations : Is Conflict Inevitable?"的研究報告。兩篇專論均針對美中互動關係的發展趨勢，提出深度的剖析，其綜合要點如下：

第一：現階段的美「中」互動關係，是自尼克森訪問大陸以來，雙方處於最佳的建設性合作狀態。目前多數的觀察人士認為，整體的國際環境因素和雙方內部的政治氣氛，正積極地促進這種建設性合作關係，朝向更加深化的方向發展。除非在未來的幾年，雙方的互動基礎受到重大因素變化的衝擊，或者為朝鮮半島問題翻臉。否則，美「中」關係要回到二〇〇一年初布希政府的對華政策路線，即是將中共視為會威脅到美國國家利益的「戰略競爭者」，其可能性恐怕不高。

第二：目前，美國與中共在共同合作處理，有關「反恐戰爭」的議題和朝鮮半島核武危機問題等，都有漸入佳境的氣氛。同時，美國方面明確地表示其不支持「台灣獨立」的態度，也讓北京當局降低了對美國戰略意圖的疑慮，並願意在中亞地區、南亞地區、東南亞地區，以及中東地區等，儘量配合美國執行其外交和安全政策。此外，北京當局的「大國外交」政策，有意積極強化與美國的合作關係，更獲得來自於大陸內部的支持，其中的原因包括：（一）美國與中共對於維持台海現狀的共識與默契日趨穩固；（二）大陸與台灣的經貿交流活動益形密切；（三）中共在軍事能力的發展上漸有自信；（四）北京領導人瞭解到其與美國關係的惡化，將對大陸整體的經濟發展和內外安全環境，造成明顯的負面效果。

第三：美國總統在二〇〇二年九月發佈的美國國家安全戰略報告中指出，美國歡迎中國大陸朝向強大、和平與繁榮的方向發展；同時，也希望能夠加強與變動中的中國大陸，發展建設性的互動關係。此外，布希政府積極地鼓勵中國大陸參與國際性的政治、經濟和安全機制，並逐漸擔負重要的責任，成為一位國際社會中的貢獻者。不過，美「中」的互動關係雖有顯著的改善，但美國仍積極地與日本強化軍事合作的深度，以防範萬一與中共的關係發生變化，甚至翻臉時，美國不致措手不及。

第四：在美國決策智庫圈中的「現實主義論者」，基本上都把中共視為美國潛在競爭對手。這群主張要有效圍堵中國大陸勢力擴張的人士認為，中共在經濟力和軍事力日益強大的狀況下，遲早有一天會威脅到美國的國家利益。因此，思考如何延緩或阻止中共勢力的成長，並以具體的行動達成此目標，便成為符合美國國家利益的戰略。不過，另一群屬於「自由主義論者」的決策智庫人士卻強調，「圍堵中國論者」忽略了美「中」互動的客觀事實。基本上，美國在冷戰時期即是採取積極性的交往政策，與共產主義集團進行制度優劣的競賽。結果，美國的市場經濟制度和自由民主的生活方式，打敗了共產集團的意識型態和政治結構。換言之，美國運用積極與中共交往，並發展建設性合作關係的策略，不但可以逐漸促使中共分擔國際責任，成為國際體系中的重要成員，還可以透過互動的方式，運用市場經濟和自由民主的生活方式，逐漸改變中國大陸社會的本質。

備忘錄二三九

# 美國如何維持台海兩岸的現狀

時間：二〇〇六年一月十五日

一月十四日，國民黨主席馬英九先生指出，過去幾年中共對台政策已有顯著的改變，目前重點並非「兩岸統一」，而是「防止台獨」；他認為台灣不應追求法理台獨，統一也非當務之急，維持現在中華民國的現狀才符合台灣人民利益，最後抉擇應尊重台灣人民決定；此外，馬主席強調，若台灣不變更現行憲法、不變更國旗、領土，不做統獨公投等中共認為挑釁的動作，對岸應不會對台灣採取任何冒險的行動，因為冒險行動對中共來說具有很大風險，不但將嚴重影響東亞的安定，美國和日本也很難完全置身事外；最後，馬主席表示，台灣應該和美國、日本，以及中共都保持和平關係，才是對台灣最有利的，因此，目前各方最大的公約數就是台灣維持現狀，這就是國民黨的主張。根據華府消息人士透露，現任普林斯頓大學教授柯慶生（Thomas Christensen）即將出任美國國務院主管亞太事務（包括兩岸、港澳，以及蒙古地區）的副助理國務卿。歷年來，柯博士定期在「國家亞洲研究局」出版的「戰略亞洲」（Strategic Asia）和史坦佛大學胡佛研究所發行的「中國領導人觀察」（China Leadership Monitor）季刊中，發表有關「台北－北京－華府（兩岸三邊）互動」的研究報告，其中包括：

（一）Will China Become a "Responsible Stakeholder" ? The Six Party Talks, Taiwan Arms Sales, and Sino-Japanese Relations;（二）Looking Beyond the Nuclear Bluster : Recent Progress and Remaining Problems in PRC Security Policy;（三）Have Old Problems Trumped New Thinking ? China's Relations with Taiwan, Japan and North Korea;（四）Taiwan's Legislative Yuan Elections and Cross-Strait Security Relations : Reduced Tensions and Remaining Challenges;（五）PRC Security Relations With the United States : Why Things Are Going So Well。在研究報告中，柯博士積極主張美國應致力維持台海兩岸的現狀和動態平衡，以保障美國在亞太地區的最大利益。現謹將五篇研究報告的綜合要點分述如下：

第一：現階段，台北—北京—華府三方面，至少在表面上即有意要維持台海的現狀。但是，問題的複雜性就出自於，三方面對所謂的「台海現狀」，都有各自不同的詮釋。北京堅持的一個中國原則，把台灣視為中國的一部份，並全力圍堵台灣在國際上，以主權國家的身份出現；台北當局將台灣視為一個主權獨立的國家，同時並積極地推動公民投票的民主方式，進一步確立其主權國家的地位；至於美國所認定的台海現狀，則是強調台海兩岸間的歧見與爭議，必須要以和平的手段來解決，而美國則堅持台海地區，必須保持和平與穩定。整體而言，台北、北京、華府三方面對「台海現狀」都有不同的解讀，而此項認知的分歧與差距，已經明顯地展現在台灣內部政治勢力的角力，並導致台海地區陷入緊張的氣氛。

第二：美國政府對於台海兩岸形勢的變化，擁有巨大的戰略利益，因此，美國必須採取積極的態度與明確的立場，而不是採用「放任」的態度，來面對台海地區的緊張情勢。首先，由於不少民進黨決策人士認為，美國會以軍事行動介入台海衝突，事實上，美國的立場是當「中共無端的攻擊台灣」，美國才會介入。因此，美國政府應阻止民進黨政府挑釁中共；其次，美國應該繼續堅守「一個中國政策」，至於是否協防台灣，美國應該保持模糊策略，不能把台灣當成美國的安全戰略夥伴；最後，美國應該清楚地告訴北京，如果中共無端的以武力攻台，美國將會有軍事上的反應。同時，美國也應告訴台北，任何片面尋求台灣獨立的行為，美國將會制止，因為，美國支持台灣的民主發展，並不等於支持台灣獨立；此外，美國有必要向台北當局進一步強調，「台灣片面邁向獨立的舉動可能招致中共危險的反應，而這種反應可能摧毀台灣大部份的成就，並粉碎台灣未來的希望」。

第三：近年以來，美國與中共在多項國際性議題的互動，已經具體地展現出「建設性的合作關係」；同時，美「中」就有關台海穩定的議題，也逐漸發展出新的戰略性架構，讓華府與北京能夠降低引爆衝突的風險，並促使美「中」雙方在其他的國際安全議題上，獲得具體的成果。整體而言，北京與華府在面對共同處理反恐戰爭及北韓核武危機的基礎上，顯然都有意淡化處理台海問題，並逐漸培養出理性面對的默契。不過，近日以來，北京與華府的戰略規劃圈人士亦表示，一旦北韓的核武危機解除，而美國的全球性反恐戰爭也接近尾聲時，華府與北京之間在安全議題上互動順暢的基礎消失，屆時，美國與中共雙方面對爭議性本質的議題時，是否仍然具有相互配合、柔性處理的默契，值得進一步觀察。換言之，只要中共對於美國在反恐戰爭及北韓核武危機議題上，仍然扮演重要的貢獻者角色，美國也將會樂於繼續配合北京的態度，維持台海的現狀。

備忘錄二四〇

# 中共軍事現代化的發展動向

時間：二〇〇六年一月十六日

一月十一日，日本讀賣新聞報導指出，美國與日本在駐日美軍重編協議中已達成共識，雙方為維持亞太地區的安定將加強合作，同時，日本政府為因應台灣海峽等日本周邊發生紛爭的情形，考慮修改「周邊事態法」，讓美軍在日本周邊發生戰爭時，也能比照國內遭受攻擊的情形，優先使用日本國內的機場和港口，此修正案將於今年內向國會提出。在此之前，民進黨政府的邱義仁召開記者會表示，共軍正為其對台作戰進行三階段準備任務，明確訂定期程目標為：二〇〇七年之前，全面形成應急作戰能力；二〇一〇年之前，具備大規模作戰能力；二〇一五年之前，具備決戰決勝能力；二〇二〇年解決台灣。邱義仁強調，中共對台灣的嚴苛與不友善不斷升高，所以陳水扁才會在元旦文告中提出「積極管理、有效開放」的兩岸經貿政策。一月十四日，中共國家主席胡錦濤在廈門海滄投資區會見台商代表，並前往福州市聽取福建省委書記盧展工提報的「海峽西岸經濟區」發展戰略；在此之前，胡錦濤還在南京軍區司令朱文泉的陪同下，視察駐廈門的共軍第三十一集團軍，並要求官兵做好粉碎台獨的軍事準備。整體而言，從胡錦濤這一次到福建考察的行程安排和談話重點顯示，中共對台的策略仍將繼續依循

「硬的更硬、軟的更軟」原則，發揮「和戰兩手」交織運用的靈活彈性，創造「反獨促統」的有利態勢。二〇〇五年十一月四日，美國重要智庫「國家亞洲研究局」（The National Bureau of Asian Research）國家安全事務部主任Roy Kamphausen，在國會眾議院軍事委員會的聽證會中，針對中共軍事現代化的發展動向，提出專業性的意見，其要點如下：

第一：中共的軍事現代化並不是現階段中共領導當局最優先的施政重點，也不是美國與中共互動關係中最重要的項目。目前，中共領導當局希望能夠強化與美國的經濟合作，同時也願意與美國就多項國際安全議題，進行建設性的合作與對話。不過，中共當局對美國仍然有「兩手準備」的策略，並密切監視美國在亞太地區的軍事戰略部署，尤其是對美日積極強化軍事合作的深度，以及台美軍事互動的發展，保持高度的戒心。

第二：中共軍方目前正積極地從事長期性的軍事事務革新工程。在這項龐大的軍事現代化進程中，共軍把美軍視為學習參考的對象，同時也把美軍設定為潛在敵手，並積極地思考研發反制美軍戰力的戰略戰術。然而，到目前為止，美國雖然瞭解到中共軍事現代化的動向與基本內涵，但是，美國不應該就此斷定，中共的領導人已經認為，美國與中共的軍事對抗將無法避免。

第三：中共的領導人強調，共軍的現代化不僅著重在軍事裝備的硬體建設，同時還必須從事有效的軟體改革，其中包括：（一）新的軍事準則；（二）軍事組織架構的變革，並參考美軍執行波灣戰爭的組織結構，積極規劃改革；（三）建立聯合後勤支援系統。此外，共軍為改善人員的素質，從一九九九年開始積極推動美國式的軍官儲訓制度，並與大陸的重點大學合作，選拔優秀的大學生加入軍官儲訓體系，以充實共軍軍官的陣容。據統計顯示，到二〇一〇年時，共軍新任命的軍官將有百分之四十，是來自於大陸的重點大學，而且都擁有專業的訓練。這項軟體建設的發展將促使共軍的素質大幅提升，但是，這股共軍的新興力量是否能夠發揮其專業能力，成為亞太地區和平穩定的貢獻者，卻仍然有待觀察。

第四：共軍在軍事裝備硬體的現代化方面，其主要是著重在如何反制美國的軍事威脅能力。近年來，共軍每年都向俄羅斯引進價值高達三十億美金的軍事裝備，以強化共軍攻守的戰力，而其中的重要項目包括：（一）巡弋飛彈；（二）潛艦；（三）主力戰艦；（四）反衛星武器；（五）擁有對地面攻擊能力的戰機；（六）攻擊直升機；（七）擁有攻擊航空母艦能力的彈導飛彈。此外，共軍正積極地向俄羅斯接洽，希望能夠儘快的引進ＴＵ—九五5型和ＴＵ—二二Ｍ三型戰略轟炸機。

第五：中共軍事現代化的戰略意圖中，對於積極發展軍事同盟、區域軍事互信機制的建立，或者是參與全球性的維和行動，顯然都存有相當程度的保留態度，例如，在過去的十五年間，共軍只派出接近三千名的軍事人員，支援聯合國的維和行動；在二〇〇一年時，中共雖然在政策上願意配合支援美國的全球反恐軍事行動，但實際上，中共卻沒有派出軍隊支持美國在阿富汗及伊拉克的反恐軍事行動；此外，中共軍方明確表示，其將無法支持非聯合國主導的多邊性國際安全活動，包括美國所倡議的反大量毀滅性武器擴散安全架構。不過，共軍為了降低周邊國家對中共軍力發展的疑慮，亦開始推出軍事演習的觀摩活動，邀請相關國家駐北京的武官團，或包括美國在內的軍官團代表，實際觀察共軍的軍事演習；同時，共軍運用其與周邊國家的地緣關係，逐漸發展出聯合軍事演習的合作關係，藉以增加雙方軍力的透明度，為建立若干程度的軍事互信機制累積經驗。

備忘錄二四一

# 美日中共互動關係的「台灣因素」

時間：二〇〇六年一月三十日

一月二十九日，陳水扁在新春談話中提出三大訴求包括：一、目前已是認真思考廢除國統會及國統綱領的適當時機，以彰顯台灣主體意識；二、要認真考慮以台灣為名稱重新申請加入聯合國；三、希望今年內將台灣新憲法定稿，明年舉辦新憲公投。針對陳水扁的主張，美國國務院於一月三十日發表書面聲明表示，美國對台的政策是基於美國的一個中國政策、台灣關係法和美中三項聯合公報，美國敦促北京和台北建立起實質的兩岸對話，為兩岸謀求共同利益；此外，美方強調陳水扁表示要認真思考，以台灣為名推動加入聯合國，是在單方面改變台海現狀，而美國反對兩岸任何一方採取片面改變現狀的行動。根據華府的「尼爾遜報導」指出，美方認為陳水扁的談話觸犯了兩項大忌，一是「片面改變現狀」，一是「違反承諾」；台北官員說是「內部消費」，美國對這個說法並不買帳，甚至將要求陳水扁親自重申各項保證。今年一月中旬，美國智庫「國家亞洲研究局」（The National Bureau of Asian Research）出版的「亞洲政策」（Asia Policy, Number 1, January 2006），登載一篇題為"Taiwan: The Tail That Wags Dogs"的專論；二〇〇六年二月二日，葛來儀（Bonnie S. Glaser）在「太平洋論壇」電子報發表"Sino-U.S. Relations : drawing lessons from 2005"的分析文章；在此之前，「美日基金會」曾經在二〇〇一年一月十五日，發表新世紀美日安全戰略互動新架構的研究報告，隨後，前任美國國防部副助理部長坎貝爾（Kurt Campbell），在二〇〇一年七月發行的「外交事務雙月刊」（Foreign Affairs）中，發表題為"Crisis in the Taiwan Strait ?"的專論。這四篇研究報告均針對美日中共互動關係的「台灣因素」，提出深度的剖析，其綜合要點如下：

第一：目前，中國大陸是亞洲地區發展最快速的國家，其經濟規模將於二〇一〇年達到德國的兩倍，並且在二〇二〇年超越日本；其他的亞洲國家隨著中國大陸的經濟發展而同時受惠，並逐漸形成一個以中國大陸為核心的經貿網絡；日本夾在強大的中國大陸、核武的北韓，以及日趨不穩定的台海局勢中，亦開始認真規劃有利於日本的軍事安全戰略。然而，從美國利益的觀點出發，美國即不願看到日本軍國主義復辟，更不希望日本與中共建立戰略聯盟關係；此外，美日兩國的軍事同盟架構，有必要提升台灣角色的份量，但是，美日兩國均必須認知，台灣的重要性並不足以升高到軍事同盟者的地位，因為這種狀況將會帶來嚴重的政治問題；倘若中國大陸與台灣結合為一體，則整個南中國海將變為真正的中國海，由於南中國海是許多亞洲國家的重要航道，一旦其成為完全由「中國」所控制的海域，則將會對亞太的戰略環境與結構，造成巨大的變化，並向「中國」傾斜。據此觀之，當中國大陸與台灣結合成為一體時，將會衍生極為嚴重的戰略性問題。換言之，美日兩國必須認知，中共方面目前容忍台海以「維持現狀」的形勢存在，並不表示中共不想「統一台灣」；對於中共而言，所謂「現狀」（Status Quo）就是表示繼續準備並等待「統一台灣」的時機到來。

第二：中共當局對台灣內部政局的變化，以及台獨力量在台灣內部快速成長的形勢，已經顯現出相當程度的焦慮。但是，整體而言，北京的領導人普遍認為，以現階段美國與中共間多項建設性合作項目，正在蓬勃發展之際，北京與華府應該可以發展出共同利益的基礎，一起合作來限制台灣內部台獨勢力的發展，並阻止台海地區因台灣問題，而引爆軍事衝突。因此，在華府與北京共同達成的默契下，二〇〇四年四月二十一日，美國的東亞事務助理國務卿凱利，在國會眾議院國際關係委員會作證時表示，美國希望陳水扁能夠在「公投制憲建國」的議題上自我克制，此外，其並明白地指出，美國對於憲改議題的支持是有限度的，而台北當局不可以把美國的支持視為一張空白的支票，並據以抗拒台海兩岸之間的任何對話機會。換言之，除非中共方面使用武力強行攻佔台灣，或者中國大陸在實行民主化之後，以民主方式統一台灣。目前，美日兩國均很難看出台海兩岸有立即統一的條件。因此，美日均以維持最低成本的觀點，認為兩岸關係以「不統不獨」的現狀，對其最為有利。

第三：「台灣因素」在美日中共互動關係中的複雜性，主要有四項。包括：（一）台灣所處的地緣戰略位置，將牽動美日中共在亞太地區的戰略性優勢消長變化；（二）台灣所發展出的民主價值，已獲得美日內部相當程度的政治性支持，也成為美日敦促中共和平演變的重要籌碼；（三）中共一再揚言不放棄使用武力解決台灣問題，正好成為美日加強與台灣進行軍事合作的理由，甚至促使美國著手在台海地區準備軍事危機的應變計劃與行動；（四）台灣力量的消長變化，具有考驗美國對盟國承諾信用的效果，同時也造成台灣當局認為，美國將會無條件地對台灣提供軍事保護，以維持美國的信譽，甚至進一步挺而走險並拖美國下水。

備忘錄二四二

# 中共與美國在中東地區的能源競爭

時間：二〇〇六年二月一日

一月三十一日，美國總統布希在國會山莊，發表國情咨文演說時指出，美國現在用油成癮，但石油經常是從世界上不穩定的地區輸入，對美國已經構成嚴重問題。隨著中國大陸、印度，以及巴西和俄羅斯的經濟起飛，全球能源需求大增，在各國均大量進口消耗之下，石油價格自二〇〇四年起快速攀升，目前每桶原油價格盤旋於六十五美元左右，有市場專家預測二〇一〇年之前，每桶原油價格將超過一百美元；同時，中東地區政局持續動盪，油源與運輸的安全穩定飽受威脅；此外，地質學者估計到2010年世界主要產油國家，將達產量高峰並開始走下坡，到二〇四〇年石油蘊藏終將用罄。換言之，石油能源已經成為各國經濟成長的最大變數。目前中國大陸內部的能源產量僅足夠供給百分之七十的需要量，另有百分之三十仰賴進口。根據美國能源資訊局的統計顯示，在二〇〇五年時，中國大陸每天要消耗約七佰三十萬桶的原油，到2020年時，中國大陸每天預計要消耗一千零五十萬桶原油，並且將取代日本成為僅次於美國的原油消耗國；此外，其仰賴進口的原油比例將高達百分之六十以上。二〇〇六年一月，由戰略與國際研究中心和麻省理工學院聯合出版的「華盛頓季刊」（The Washington Quarterly,

Winter 2005-06），發表一篇題為"Managing China-U.S. Energy Competition in the Middle East"的專論；在此之前，「外交事務雙月刊」（Foreign Affairs, September/Qctober 2005），亦登載一篇"China's Global Hunt for Energy"的研究報告。兩篇專論均認為，美國與中共必須妥慎處理雙方在能源領域的「競合關係」，以避免各自為確保能源供應的安全，演變成激烈的軍備競賽，甚至爆發爭奪能源的軍事衝突。現謹將兩篇報告的綜合要點分述如下：

第一：二〇〇五年六月，季辛吉在公開演講中提出警訊表示，石油資源的競爭將是導致未來幾年，爆發國際衝突的重要原因；中共綜合實力的崛起，並積極向外尋求能源供應來源，已經明顯地影響到其與俄羅斯、日本、中亞國家、北非國家，以及拉丁美洲國家的外交關係。目前中國大陸原油進口的主要地區包括伊朗、阿曼、葉門，以及沙烏地阿拉伯。但是中共當局為分散海外能源供應地區，正積極地與印尼、澳大利亞、委內瑞拉、秘魯、伊拉克、蘇丹、阿塞巴疆、哈薩克斯坦等國家，進行能源共同開發的合作計劃。倘若這些計劃都夠順利的進行，中共估計將可掌握二十七億桶左右的海外石油儲備量。此外，維持天然氣的穩定供給，亦是目前中共方面積極準備的重點。根據二〇〇四年國際能源展望的資料顯示，未來二十年中國大陸的天然氣消耗量將佔全球消耗量的百分之十以上。為了要滿足這種需要，中共當局計劃耗資一百八十億美元，興建連接塔里木盆地天然氣產地到上海地區的管線。不過，已經有不少分析家認為，由於新疆地區的天然氣藏量並不是很豐富，這項投資是否符合經濟效益，仍然有待進一步評估。據此觀之，中國大陸在可預見的將來，仍然要依賴中東地區的原油進口。因此，中共如何加強與美國互動，以共同維持中東地區的政局穩定，便成為考驗中共外交政策的重要課題。此外，中共如何確保自中東、經由印度洋、麻六甲海峽、南海、台灣海峽，到大陸東岸的運輸線安全，以維持穩定的石油能源供給，勢必也將會成為中共規劃部署其國防安全戰略的核心要項之一。

第二：中共在中東地區積極運用政治、經濟，以及軍事等重要資源，加強與沙烏地阿拉伯和伊朗兩國，建立長期穩定的石油供應合作關係。在此其中，中共提供沙烏地阿拉伯戰略性的武器，包括中程彈導飛彈等，以換取油源的策略，已經造成美國執行其中東政策的困擾，並弱化美國在沙國的支配性地位。此外，中共與伊朗簽署長期鉅額的石油開發計劃，並繼續提供伊朗發展核武所需要的技術，也已經明顯降低西方國家對伊朗經濟制裁的效果，甚至對美國要求伊朗放棄發展核武的政策，造成重大的阻礙。換言之，沙烏地阿拉伯及伊朗兩國正運用其擁有石油資源的優勢，對美國及中共實施「兩手策略」，以提升本國的利益與地位。

第三：美國的決策階層有必要認清，在未來的數十年間，美國與中共都是消耗能源的大國，同時也都必須從中東地區進口大量的石油，以支持本國經濟活動的正常運作。因此，美國與中共除了必須避免因競逐能源而爆發軍事衝突，甚至還需要積極地發展能源合作關係，以共同維持兩國經濟的發展，其中包括：（一）共同維護波斯灣到中東地區的和平穩定，以確保石油供應來源安全；（二）鼓勵美國石油公司與中共石油公司進行策略性的合作；（三）敦促中共加入國際能源總署，以共同維持石油價格的穩定；（四）積極與中共合作建立共同性的戰備儲油機制，以減少中東地區政局變化對世界石油價格的衝擊；（五）加強與中共進行核能發電技術的交流合作，並共同開發新能源的技術，以降低對中東地區石油能源的依賴。

備忘錄二四三

# 美國支持台海維持現狀的理由

時間：二〇〇六年二月十七日

二月十六日，美國國務卿萊斯在國會眾議院國際關係委員會作證時表示，美國歷任政府在台灣問題上，都尋求承認只有「一個中國」政策，也相信兩岸任何一方都不能片面改變台海現狀，才是最好的方式。整體而言，布希政府處理台海問題的決策思維基礎包括：（一）堅守美國的一個中國政策立場和「三公報一法」的架構；（二）遵循台灣關係法的規範，繼續提供台灣防衛性武器，以保持兩岸軍力的動態平衡；（三）明確表示反對兩岸任何一方做出片面改變現狀的言行，既不支持台灣獨立，也反對中共用武力併吞台灣；（四）美國的政策仍將積極支持中國大陸的政治民主化，因為美國認為，大陸社會越開放、越自由，將會拉近兩岸生活方式與政治制度的差距，同時也將為未來兩岸和平解決爭端，增加成功的機會。近日以來，國民黨主席馬英九先生一再地表示，台灣不應追求法理台獨，統一也非當務之急，維持現在中華民國的現狀才符合台灣人民利益；同時，馬主席指出，若台灣不變更現行憲法、不變更國旗、領土，不做統獨公投等中共認為挑釁的動作，對岸應不會對台灣採取任何冒險的行動；此外，馬主席強調，台灣應該和美國、日本，以及中共都保持和平關係，才是對台灣最有利的。換言之，目前各方最大的公約數就是台灣維持現狀。今年二月十四日，美國華府智庫「戰略與國際研究中心」在夏威夷的附屬機構「太平洋論壇」（The Pacific Forum），發表一篇題為："Recent Developments in Taiwan: Politics in Command ?：But at What Cost ?" 的分析文章；二〇〇五年五月下旬，「美國大西洋理事會」亦曾發表一篇由美國國務院駐會研究員Kay Webb Mayfield所撰寫的分析報告，題為 "In Search of Legacy: Three Possible Paths for Taiwan's Chen Shui-bian"；二〇〇四年四月十七日，華府智庫「台灣安全研究中心」（Taiwan Security Research Center）的電子報，登載一篇由大西洋理事會研究員Martin Lasater所撰寫的文章 "Supporting the Status Quo"。這三篇專論對陳水扁企圖片面改變台海現狀的危險性，以及美國堅持台海維持現狀的理由，均能提出深入的剖析，其綜合要點如下：

第一：陳水扁操作「中」美台三邊關係，基本上有三個選項：（一）繼續在台灣的國際空間議題上發揮，以測試中共和美國的容忍限度，並藉此塑造「被打壓」的悲情形象，鞏固台灣內部的支持與同情；（二）採取維持現狀的策略，避免與中共發生衝突，或製造事件導致台海情勢惡化；（三）運用民進黨在省籍上的優勢，積極推動兩岸和解策略，並以台灣主流民意代表者的立場，主導台海兩岸的各項協商議題。不過，從二〇〇六年元旦，陳水扁提出「積極管理、有效開放」的兩岸經貿政策指導原則，以及一月二十九日發表的三大訴求包括：（一）認真思考廢除國統會；（二）認真考慮以台灣為名稱申請加入聯合國；（三）計劃在二〇〇七年舉辦新憲公投等主張觀之，陳水扁顯然已經選擇以政治掛帥，運用台灣主體意識，衝撞台海現狀並測試中共及美國底線的策略。

第二：現階段，北京方面最迫切需要努力的工作是積極推動各項經濟、社會，以及政治性的改革；至於台北方面則是需要加強實力並有效化解各種挫折感的意識。然而，台海兩岸間逐步建立起可以操作的協議架構條件，也已經開始出現，其中包括：（一）兩岸經濟整合的速度與勁道，已非雙方政府部門所能夠阻止或控制，同時，台灣也已經無法自外於大中華經濟圈的發展格局與趨勢；（二）台灣的民主政治已經生根，因此香港的「一國兩制」模式，將很難運用在處理台灣的難題上；（三）中國大陸快速的經濟發展與改革措施，已經讓台海兩岸制度與生活方式的差距逐漸縮小，同時也創造出務實理性處理台灣問題的氣氛與討論空間。因此，對於美國而言，其最佳的策略既不是支持台灣與中國永遠分離，也不是同意中共併吞台灣，而是繼續的堅持維持台海現狀，為兩岸的中國人保留和平化解歧見的空間與機會。

第三：隨著台灣內部政治的演變和大陸政治經濟快速發展的新形勢，美國不僅不準備放棄台灣，反而會根據台灣關係法的規範，認真地保護台灣二千三百萬人的福祉與安全。因此，美國當局不僅要堅持維持台海和平與穩定的現狀，同時還要正告台海兩岸當局，和平是美國在台海地區及西太平洋的關鍵利益。換言之，美國將採用新的戰略性模糊政策，一方面告訴台北當局，美國不可能在任何狀況下都出兵保衛台灣；同時，美國也將正告北京，要北京當局不要認為其對台採取軍事侵略時，美國不會出兵保護台灣。此外，美國方面針對陳水扁企圖改變台海現狀的行動計劃，將明確地向台北當局表示，美國在台海地區所能夠貢獻的角色是，提供台海雙方足夠的時間與空間，以和平的方式化解彼此的歧見，因為美國既無意願與中共發生嚴重的軍事衝突，也沒有興趣支持台灣永遠與中國分離，更何況一旦台海地區發生戰爭，台灣所遭到的將是毀滅性的後果；倘若陳水扁繼續一意孤行，並企圖操作台灣自主意識，片面改變台海現狀，美國將會傾向於逐漸疏遠與台北的關係，甚至表示一切改變現狀的後果，將由台北方面自行負責。

備忘錄二四四

# 美國國防戰略中的「中共因素」

時間：二〇〇六年二月十八日

二月十七日，美國國防部參謀首長聯席會議主席佩斯上將，在華府國家新聞俱樂部演講時表示，中共無意威脅美國，但是美國要有萬全準備，以因應任何挑戰，擊敗任何敵人；同時，佩斯指出，美國與中共關係可以有很好的發展，當雙方的經貿來往愈密切，兩國人民就愈能獲益，也就愈不會發生任何形式的軍事衝突；不過，佩斯也強調，美國三軍不能忘記「中國人的才智很高」，因此，重點不是美國會跟誰打仗，而是必須展望未來十年、十五年，看看世界上會產生什麼樣的軍事力量，並把美軍自己定位好，能夠擊敗任何潛在的敵人。值得特別注意的是，曾經在布希政府擔任美國國務院東亞事務副助理國務卿的薛瑞福，於二月十三口在華府舉行的日「中」關係研討會上，提出警告表示，日本與中共在軍事上存在著「一個日益增加軍事錯估和誤解的機會，它可能會把美國捲入其中」；在同一場合中，有部份美國智庫界人士強調，整個亞洲地區對日本和中共所面臨的潛在軍事衝突都非常擔心，而其程度甚至已經超過台海地區。二〇〇五年十月二十九日，美國與日本在結束高層戰略對話後，公佈美日軍事同盟的轉型整編計劃，並以因應中共軍力擴張的預警部署措施，做為這項雙邊軍事合作的戰略目標。

二〇〇六年二月六日，美國國防部發佈「四年期國防檢討報告」（Quadrennial Defense Review Report）；在此之前，美國防部於二〇〇五年九月中旬發表一份最新的「中共軍力評估報告」（Annual Report on the Military Power of the People's Republic of China 2005）；隨後，位在美國西雅圖的重要智庫「國家亞洲研究局」，在二〇〇五年十月下旬出版的“Strategic Asia 2005-06”專書中，登載三篇專論包括：（一）U.S. Military Modernization: Implications for U.S. Policy in Asia;（二）China's Military Modernization: Making Steady and Surprising Progress；（三）Japanese Military Modernization : In Search of a“Normal”Security Role。前述的五篇研究報告均曾針對美國國防戰略中的「中共因素」，提出深入的剖析，其綜合要點如下：

第一：美國的亞太軍事戰略規劃者認為，台海地區、朝鮮半島，以及南亞地區等，是現階段亞太地區，最有可能爆發軍事衝突的熱點。因此，美國有必要針對這些地區的特性，提前準備各項軍事應變的計劃，以防範美國的主導性優勢受到破壞。基本上，美國在亞太地區有必要運用「先發制人」的手段；同時，美國的軍事安全戰略必須與經濟性的目標結合，其中包括：保障重要航線的安全、維護能源供給的穩定、開拓經貿的重要市場和商業機會，以及對美國企業人員生命財產安全的保護等。此外，美國將公開強調其在亞太地區的主要利益包括：（一）保護亞洲地區的民主國家和民主價值；（二）維持亞太地區主要航道與航線的安全順暢；（三）防阻大量毀滅性武器的擴散；（四）消滅全球的恐怖主義組織，以保障美國人口密集地區的穩定與安全。現階段，美國在強化其亞太地區軍力優勢的部署規劃上，有三項重點工作包括：（一）維持完整的軍事能量，包括高科技武器和相當數量的地面部隊，以因應各種不同性質的軍事衝突狀況；（二）維持廣佈亞太地區的軍事基地，以強化美軍調遣的彈性與靈活度；（三）保持與亞太地區盟國的密切互動，使美軍能夠順利的獲得前進基地，並且在用兵的正當性上，獲得較有利的政治支持。

第二：中共軍事現代化的發展，正以穩定甚至時有驚人進步速度的狀態下，逐漸的朝向區域性軍事強權的目標邁進。雖然中共的軍力到二〇二〇年間，還不太可能成為勢力擴及全球的第一流軍事大國，但是，以現行的發展趨勢推斷，中共的軍力將可以在十年間，改變亞洲地區的軍力平衡形勢。整體而言，促使中共加強軍事投資，積極推動軍事現代化的結構性因素包括：（一）以優勢軍力遏制台灣獨立；（二）企圖結合經濟性和政治性的實力增長，成為全球性的強權；（三）因應亞太周邊安全環境的變化與威脅；（四）反制美國在亞太重點地區的軍事部署動作；（五）維護穩定能源供應來源的需要。目前，中共當局積極地把高科技研發的成果，運用在強化軍事能力的目標上，其中包括：（一）電磁脈衝武器、雷射武器、天氣武器，以及微波武器的新概念科技；（二）精準制導炸彈、反制隱型戰機和巡弋飛彈武器，以及攻擊航母及機場的巡弋飛彈；（三）強化潛射洲際彈導飛彈的打擊能力，包括：垂直發射技術、導彈推進器和導航系統、改變彈道以強化存活率和精準度的技術、提升潛艦性能技術和彈頭爆炸威力等。中共軍方領導人強調，潛射洲際彈導飛彈的打擊能力，對於控制戰局，爭取主導性和先發制人的威懾性，將具有關鍵性的效果。

第三：從美國國防安全戰略架構的高度觀之，現階段，中共的國家戰略雖仍是以維持國內政局穩定、保持和諧的國際周邊環境，並積極從事經濟建設發展為主軸。但是，中共軍力的持續成長與增強，卻也是一項必須正視的新趨勢。因此，美國的戰略規劃者應深思，如何轉化共軍的戰略意圖，使中共的軍力成為亞太地區和平穩定的貢獻者，而不是破壞者，其中包括：建立美國與中共的國防戰略對話機制和熱線電話、發展區域性的安全合作架構、增加各國間在經貿等領域的互賴關係、強調此地區若爆發軍事衝突所必須要付出的社會經濟代價，以及鼓勵中國大陸週邊國家與中共發展雙邊或多邊性質的軍事互信機制，進而能夠增加彼此間的軍事活動透明度。

備忘錄二四五

# 中共在亞太地區實力的消長形勢

時間：二〇〇六年三月一日

二月二十八日，美國國家情報總監尼格羅龐提，在國會參議院軍事委員會的聽證會上表示：「全球化正使能源逐步向亞太地區移轉，中國穩步的擴張，可能將在某些部份達到與美國相抗衡的能力」；同時，這位美國情報最高主管指出，中國大陸持續的快速經濟成長，加上數量激增的進出口貿易，已經使中共的國際影響力明顯上升，並促使其加速軍事現代化的進程與軍事投射能力；此外，中共目前正在強化與亞洲國家的關係，希望透過經濟合作來提高政治影響力，避免亞洲國家在中共崛起發展時，成為反對的力量。不過，尼格羅龐提強調，中國大陸的經濟擴張正受制於一些棘手的經濟和司法問題，其中包括貪污、教育水準低落，以及環境污染問題等；與此同時，中共當局一直拒絕因經濟增長而產生的政治參與要求，甚至決心繼續鎮壓或控制社會組織團體，以防範社會秩序失控。今年一月十二日，美國華府重要智庫「布魯金斯研究所」（The Brookings Institution），舉辦一場題為"China and Asia's New Dynamics"的研討會，參加會議的主講人士包括：前任美國在台協會主席卜睿哲（Richard Bush）、前白宮國安會亞洲部門主任沈大偉（David Shambaugh）、美國國防情報局資深情報官波拉克（Jonathan

Pollack）、美國中央情報局資深情報官蓋爾文（John Garver），以及英國軍事情報局資深情報官雅虎達（Michael Yahuda）等人士。由於研討會主講人士均為一時之選，並針對中共在亞太地區實力的消長形勢，提出深入的剖析，其綜合要點如下：

第一：中共的亞太戰略基礎有四個要項包括：（一）積極參加區域性的國際經貿和安全組織，並爭取主導性的地位；（二）主動與亞太地區的主要國家，發展建設性的夥伴關係，並積極深化雙邊性的合作互動；（三）加速拓展區域性的經貿合作關係，從東北亞、台海地區、東南亞、南亞，以及中亞和中蘇邊界等地區，建構「反圍堵」的經貿緩衝地帶；（四）在軍事安全的領域上，降低亞太國家的不信任感和「中國威脅」的焦慮感。

第二：具體而言，中共在亞太地區綜合實力的消長形勢，能夠從下述的發展狀況研判：（一）中共在對日本的策略方面，傾向於採取緩和降溫的態度，並認為中國大陸與日本目前都有內部的經濟問題要處理，所以沒有必要在雙邊關係上，製造不必要的麻煩，此外，中共仍然需要日本的投資、技術，以及雙邊貿易來發展中國大陸的經濟。因此，中共當局認為其仍有必要積極的維持與日本的和諧互利關係，藉以吸引更多的日本資金、技術和市場；（二）中共在朝鮮半島採取平行交往戰略，一方面維持與北韓的政治、軍事聯盟，以及經援措施，同時亦強化與南韓之間的經貿互動，吸引南韓的大企業赴中國大陸投資；（三）中共與東南亞國家間，積極建立密切的政治、經濟互動合作關係，並運用東協區域論壇的架構，和「中國－東協自由貿易區」的發展，突破西方國家對中共的圍堵戰略；（四）中共與南亞國家，包括印度及巴基斯坦等的互動策略上，亦採取平行交往措施，其一方面強調與印度在經濟合作的發展空間，以降低雙方在邊界地區緊張的關係之外，另一方面中共亦繼續保持與巴基斯坦的軍事合作項目，尤其是在核武與彈導飛彈技術的支援；（五）中共繼續與俄羅斯保持雙方的軍售及軍事科技交流合作關係。基本上，面對中共在亞太地區實力消長的形勢，多數美方人士關心的議題有兩項：（一）中共的綜合實力與在亞太地區的影響力不斷地成長和擴大，其是否會損害到美國的利益；（二）中共與美國在亞太地區的重要議題上，有那些項目擁有共同利益，另有那些項目已經產生分歧利益，同時，還有那些重要的議題，雙方的利益關係還不能夠確定。

第三：現階段，中共方面對於美國政府處理雙邊互動關係政策的穩定性與一致性，仍然有相當程度的疑慮。同時，美國與中共之間仍然有許多重大的議題尚未達成共識，其中包括：（一）台灣問題，尤其是目前美國與台灣的軍事和政治互動日益熱絡，將可能導致美「中」關係趨向不穩定；（二）反大量毀滅性武器擴散的問題，中共方面表示，美國不應把北京支持反核生化武器及彈導飛彈的擴散視為當然，必要時，美國需要提出誘因來促進雙方進行合作；（三）反恐怖組織活動，中共對於支持美國的全球反恐活動仍有四項牽制因素包括：美國介入中亞終將使中共的利益受到損害與挫折；巴基斯坦傾向美國終將使中共在南亞的利益與影響力受到壓抑；美國軍事介入北韓將導致美「中」關係的緊張；北京對於日益增強的日本軍備實力和積極的角色，終將會產生疑慮，並進而牽動對美日軍事同盟的排斥。

備忘錄二四六

# 美國操作台海議題的戰略動向

時間：二〇〇六年三月十七日

（一）相關情況

1．三月十日，美國總統布希「在全美報業協會」年會演說時表示，中國大陸每年必須創造二千五百萬個就業機會；中共當局已經全面選擇了市場經濟；美國與中國大陸的貿易逆差極為巨大，因此美國與中共間的經貿互動是重要議題；同時，布希強調，中共政府一方面要拒斥保護主義，一方面要堅持市場開放、自由貿易、公平貿易，換言之，談到經貿關係，中國大陸是美國的戰略夥伴。

2．三月十日，美國國務卿萊斯指出，對各國而言，崛起的中國大陸是挑戰，也是機會，中共可能會變成亞太地區的一股「負面力量」，因此各國要與中共對話，美國也要與盟邦合作，使中共成為正面而非負面力量；同時，萊斯強調，為因應中國大陸崛起，各方應與中共進行區域安全對話，至於中共增強軍事力量是事實，美國及盟國要做的是「確使中國增強軍備一事不超過其區域目標及利益」；此外，萊斯認為，美國要鼓勵中國大陸融入「以規章為基礎的國際經濟體系」，而此也將是中共國家主席胡錦濤下個月訪美時，美國將與其討論的重大議題。

3．三月十六日，美國國務卿萊斯在接受澳洲廣播公司訪問時強調，美國已經一再告訴台灣，台灣的行為已給區域安定帶來了問題；美國也一再告訴中共，勿以飛彈威脅台灣。

(二) 研析意見

1．二〇〇一年初，布希總統曾經有意將美「中」關係，從柯林頓時期的「朝向建立戰略夥伴關係」方向，調整為「戰略競爭」關係。隨著九一一恐怖攻擊事件的發生，布希總統在內部會議中強調，對於中共「我們不必喜歡他們，但我們必須與他們共同處理重大的議題」；同時，前國務卿鮑爾亦表示，美「中」互動是「具有廣泛議題的複雜關係」；至於對台海政策方面，鮑爾特別指出，台灣不是「問題」，而是一個成功的故事。基本上，美國在處理兩岸關係時認為，其應該繼續運用「不統不獨不武」的形勢，站在戰略制高點上操作「兩岸矛盾」，維持台海的「動態平衡」，並從中獲取戰略利益。

2．以陳水扁為首的民進黨核心人士認為，台灣的主流民意傾向於在維持政治自主性的基礎，與中國大陸發展建設性的經貿互動關係；中共當局雖然表明台獨意味戰爭，但是面對美國的優勢軍力，亦有所顧忌；美國政府與國會雖然堅持「一個中國政策」，並表明不支持台灣獨立，但仍認為兩岸維持分裂態勢，有利於美國在西太平洋的戰略佈局。因此，近日以來，民進黨與台聯黨人士相繼拋出「廢統」、「終統」和「新憲公投」等政治訴求，其主要目的則在於凸顯台灣的主權國家地位，為二〇〇八年總統大選累積籌碼。然而，就在這種選舉掛帥，台獨意識形態治國的狀況下，台灣的綜合實力卻每況愈下，甚至連美方人士都不斷地提出警訊表示，維持台海「動態平衡」的基礎已經開始鬆動，並有朝中共方面傾斜的趨勢。

3．整體而言，對美國繼續維持台海地區和平與穩定的最大挑戰在於，美國如何保持嚇阻中共犯台的優越軍事實力，並防範台北方面祭出台獨的冒進行動，挑釁中共的底線；同時，美國還可以在此動態平衡的基礎上，擴大與中共發展多面向的建設性合作關係。基本上，美國不僅要維持其在亞太地區的軍事嚇阻能力，也要與台北發展有限度的外交與軍事合作關係，並隨時警告台北走向台獨的嚴重後果。近日以來，美國方面透過多重管道，明確地告知民進黨政府，有關美國處理「台海議題」的政策底線。同時，美國方面亦勸告台北當局，應把更多的精力放在提升經濟競爭力的議題上。畢竟，台灣的經濟實力越弱，其能與中共協商談判的籌碼與信心也就越單薄。換言之，美國方面在操作「台海議題」的戰略思維中，已經開始重新評估，台灣在面對綜合實力日益崛起的中國大陸時，其是否仍然擁有配合美國維持台海地區「動態平衡」的能力，並繼續成為有利於美國亞太戰略佈局的正面因素。

備忘錄二四七

# 美國對中共高科技出口管制政策的動向

時間：二〇〇六年三月十八日

三月十四日，美國波士頓地球報在專題報導中指出，國防部在十月一日開始的新年度預算下，列出包括測試各種攻擊及防禦武器的經費，內含由軌道小衛星發射的一種飛彈，以測試能以二十倍音速飛行攔截來襲武器的小型太空船，並確定高能陸基雷射是否能有效摧毀敵方衛星。根據二〇〇四年美國空軍發表的研究報告，未來的太空武器將包括：空射反衛星武器、瞄準低軌道衛星的陸基雷射，以及可以從太空攻擊目標的「超高速武器」；同時，這份報告強調，美國必須阻止敵國戰略性進入太空，為達此目的，需在海上、陸上，以及太空部署攻擊性武器。二〇〇三年十月及二〇〇五年十月，中共成功地完成「神舟五號」和「神舟六號」的載人太空船發射活動。隨後，美國的軍事專家指出，中共正式成為送人上太空的俱樂部成員，此不僅代表中共太空科技已經邁向新的境界，同時也向世人展現出，其在軍事科技，尤其是在彈導飛彈的技術，以及人造衛星的技術上，都有明顯的突破。這種科技的發展程度，已經引發美國國防部的聯想與顧慮，並開始思考其對美國的衛星導引武器，以及通訊衛星的安全威脅。換言之，美國軍方未雨綢繆，一方面強化本身在「太空戰」的能力，另一方面則是刻意緊縮對中共的高科技出口，以防範中共快速取得美國的先進科技，為其發展太空科技和相關的反衛星武器系統，增添助力。今年三月十六日，哈佛大學教授奈伊（Joseph S. Nye, Jr.）在「太平洋論壇」電子報，發表一篇題為"The Future of U.S.-China Relations"的專題報告，特別指出中共將在太空科技和先進武器的發展上，拉近與美國的差距；今年二月二十日出刊的「航空與太空科技週刊」（Aviation Week and Space Technology），在一篇題為"China Syndrome: Worried about China's Military Buildup, U. S. Could Impose Tighter Control on Tech Transfers"的專論中，特別強調美國管制對中共的高科技出口措施；此外，早在二〇〇二年一月初，美國國會的「美中關係小組」（The U. S. – China Commission）即曾舉行過聽證會，邀請國務院、國防部、商務部、海關總署的主管官員出席，提出各單位具體執行對中共高科技出口管制政策的措施。現謹將三份專題報告的綜合要點分述如下：

第一：目前中共方面正加速地發展具有自主性的航天工業，這些項目除了優化其人造衛星的發射、部署、運用能力外，亦對其軍事能力中的長距離精準打擊力、資訊優勢、指揮與管制的效率、整體性的空防系統等，具有明確的增長助益。自二〇〇〇年以來，美國的人造衛星科技業者，要求政府部門解除對中共限制出口的禁令，以利於美國廠商開拓中國大陸人造衛星市場的巨大商機；二〇〇〇年二月，美國政府宣佈，只要中共接受反彈導飛彈技術擴散的規範，美國將同意解除人造衛星技術出口管制，同年十一月，中共同意承諾限制其彈導飛彈技術的輸出，藉以換取美國的人造衛星技術及零件的進口，但是，美國的情報機構發現，中共仍然繼續地對巴基斯坦輸出彈導飛彈技術，因此，這項對中共的高科技出口管制禁令，至今仍然未解除。

第二：現階段，美國政府針對中共所實施的高科技出口管制項目包括：（一）核子武器擴散的相關技術與設備；（二）彈導飛彈的相關技術、設備，以及主要零件；（三）高功能的電腦設備及相關的軟體；（四）生物化學戰劑的生產、製造、研發技術及設備；（五）犯罪控制的技術，例如指紋辨識系統；（六）能夠直接而明顯地增強中共軍事能力的產品。整體而言，在限制出口的高科技項目中，直接能增強中共軍事能力的項目包括：（一）電子戰；（二）反潛作戰；（三）情報蒐集能力；（四）武力投射能力；（五）空中優勢戰力。此外，目前中共擁有一百枚的核子彈頭及二十枚射程長達一萬三千公里的洲際彈導飛彈；同時，中共核武能力的準確度及存活率，亦有顯著的增強跡象，因此，美國的高科技出口管制，必須針對這些挑戰，進行必要的預警因應措施。

第三：中共的太空科技發展，目前正積極地以極隱密的方式，研究攻擊美國人造衛星體系的能力。換言之，中共方面仍然將美國的太空科技優勢，視為威脅其國家安全的主要來源，而其理由有二：（一）美國與盟國共同建構的飛彈防禦體系，在太空科技優勢的支持下，顯然已經在戰略上形成對中國大陸圍堵的態勢；（二）美國的太空科技優勢，將會影響到中共在台海地區的戰略地位，一旦台海爆發軍事衝突時，共軍將會受制於美國的太空優勢，因此，中共方面認為，其有必要發展出雷射殺手衛星武器，以具體牽制美國執行戰場管理的人造衛星。美國國防部在最新發佈的「四年期國防檢討評估報告」中指出，到二〇一〇年左右，中共的通訊衛星、偵照衛星將會有顯著的進展，至於彈導飛彈、陸攻巡弋飛彈、反艦巡弋飛彈等，也將配合其自主研發的全球衛星定位系統，而有所突破；同時，中共方面威脅美國的軍用及民用人造衛星體系安全的科技能力，更是美國方面必須密切關注的重點。換言之，美國對於管制高科技出口的政策，不僅不能夠放鬆，反而必須進行更加細緻週密的規劃檢討，一方面確保美國的關鍵性國防工業自主性，同時還要加強與歐盟國家聯繫，以保持一致的步調與措施，防範西方國家的先進軍事科技，落入中共的手中，進而造成對美國國家安全的具體威脅。

備忘錄二四八

# 中共與日本的互動關係趨向複雜

時間：二〇〇六年四月五日

四月四日，日本產經省大臣二階俊博指出，日本計劃以自由貿易協定（FTA）為主軸，召集東協十國、中共、南韓、印度、澳大利亞，以及紐西蘭等國，與日本簽署由日本主導的「東亞經濟合作協定」；日本「讀賣新聞」認為，在日本的構想中，日、中、韓、印、澳、紐，以及東協等十六國參與下，人口約達三十億人，佔全球人口一半，國民生產額（GDP）約達九兆一千億美元，佔全球四分之一，將可匹敵北美自由貿易協定（NAFTA）和歐盟（EU），並具有突破日本目前在亞太地區，面臨中國大陸崛起的劣勢，進一步奪回東亞經濟共同體的主導權。不過，日本政府意圖主導東亞經濟體的構想，在日本與中共政治關係趨向複雜的情勢中，面臨巨大的阻力。三月三十日，中共國家主席胡錦濤在接見日本日中友好七團體會長時表示，只要日本領導人明確作出不再參拜供奉有甲級戰犯靖國神社的決斷，他願意就改善和發展「中」日關係，與日本領導人進行會晤和對話；隨後，日本首相小泉純一郎表示，任何國家都有部份不同的意見和對立，應加以克服發展友好關係才對；此外，日本外務大臣麻生太郎強調，胡錦濤的說法聽起來好像跟對台灣講的話一樣，其認為事先開出條件，才願意與對方對話，這種作法讓人難以理解。二〇〇六年三月，美國重要智庫「外交關係協會」出版的「外交事務雙月刊」（Foreign Affairs March/April 2006），登載一篇題為"China and Japan's Simmering Rivalry"的專論；二〇〇四年六月，美軍太平洋總部的「亞太安全研究中心」，針對中共與日本的互動形勢，提出"China-Japan Relations : Cooperation Amidst Antagonism"的分析報告；此外，前任美國中情局亞洲首席情報官Robert Sutter博士，亦曾於「華盛頓季刊」（The Washington Quarterly Autumn 2002），發表一篇題為"China and Japan : Trouble Ahead"的文章。這三份具有深度的研究報告均強調，日本與中共的互動關係將會趨向複雜，而美國也必須祭出更加細緻的因應策略，才能夠繼續保有在亞太地區的主導地位。現謹將三篇報告的綜合要點分述如下：

第一：中國大陸與日本的經貿互動關係，在最近的幾年以來，有非常顯著的成長。二〇〇五年，「中」日雙邊的貿易總額達到二千億美元的水準；此外，中國大陸已經在二〇〇三年時，正式成為日本最大的進口貿易夥伴，並持續增加進口比重；同時，日本對中國大陸的出口總額，也以每年百分之三十的速度成長，並成為日本產品的第二大出口對象。至於日本與中國大陸的投資互動關係，在最近幾年以來，也已經成為日本經濟復甦的新引擎。雖然中共與日本在經貿互動交流上，出現相當顯著的正面發展。但是雙方在深層次的領域中，卻逐漸面臨日趨複雜的矛盾與衝突，其中的主要項目包括：（一）穩定能源供應來源的競逐，例如日「中」與俄羅斯的油管協定衝突；（二）東海油田開採權的爭奪；（三）朝鮮半島與台灣海峽地區戰略利益的矛盾；（四）中共潛艦與飛機侵入日本領海、領空的衝突；（五）中共針對台灣的飛彈隨時可以轉向瞄準日本的緊張氣氛；（六）美國與日本加速合作發展飛彈防禦體系，引發中共的不安；（七）日本自民黨右翼勢力崛起，主張繼續參拜靖國神社，並堅持對中共的鷹派路線。

第二：根據中國大陸的研究機構在二〇〇三年所做的一項調查報告顯示，有高達百分之九十三點一的大陸網路族（年紀普遍較輕）表示不喜歡日本人；二〇〇五年三月，中國大陸有四千四百萬網民，以網路電子投書方式，表達堅決反對日本成為聯合國安理會常任理事國的態度；與此同時，在日本也有類似的研究報告指出，日本的年經一代對中國人有反感的比例，也在明顯地增加當中。根據日本內閣秘書處在二〇〇五年十月所做的一項調查顯示，日本人表示對中國人友善態度的比例，從二〇〇一年十月的百分之四十八，降到二〇〇四年的百分之三十八，再降到二〇〇五年十月的百分之三十二。此外，日本的戰略規劃圈人士對於中共軍方經常以潛艦、戰機，以及軍艦侵入日本海域的動作，亦深表不滿，並已開始規劃反制的能力與策略。換言之，日本方面認為，隨著中共在亞太地區的崛起，同時以每年兩位數的百分比增加國防預算，並加強拉攏亞太地區國家，從事多邊架構的經貿與安全合作互動，已經威脅到日本在亞太地區的發展空間。因此，日本當局有必要積極地採取行動，一方面運用經貿的實力開拓國際活動空間，另一方面也要加強與美國的軍事合作，才能夠避免成為被孤立的角色。

第三：今年九月，日本將選出新任的首相，而其與中共的互動僵局，也將可能會出現緩和的契機。不過，日「中」兩國逐漸浮現的深層矛盾與利益衝突，卻日趨複雜。對於美國而言，其一方面將強化美日軍事同盟的質量，另一方面亦積極鼓勵日本與中共發展對話關係；同時，美國有必要在先鞏固美日關係後，再運用多邊性質的經貿安全合作架構，邀請中共參與活動，例如，美日中共可以共同合作發展出能源安全機制，一方面可以穩定國際能源的價格，另一方面還可以促進彼此的互信合作關係，同時，美國在亞太地區也能夠繼續扮演積極正面的角色。

備忘錄二四九

# 中共因應全球化趨勢的策略思維

時間：二〇〇六年四月六日

## （一）相關情況

1．四月五日，中共總理溫家寶在「中國—太平洋島國經濟發展合作論壇」開幕式上宣佈，為加強大陸企業和太平洋島國企業間的合作，中共方面在今後三年內，將提供三十億人民幣優惠貸款，並祭出五項援助措施包括：（一）為支持太平洋島國發展經濟，減輕債務負擔，該地區與中共建交的最不發達國家多數對大陸出口商品，中共將給予零關稅待遇、免除這些國家截至去年底欠大陸的到期債務、其他島國截至去年底欠大陸的到期債務，還款期延長十年；（二）中共將在今後三年內向瘧疾流行的島國無償提供抗瘧疾藥品，繼續向島國派遣醫療隊，每年為島國舉辦衛生官員和各類技術人員培訓班；（四）為加速發展太平洋島國的旅遊業，中共決定正式批准巴布亞紐幾內亞、薩摩亞和密克羅尼西亞為大陸公民出境旅遊目的地；（五）為提高各島國預防地震或海嘯等自然災害能力，中共將根據島國需要，在地震或海嘯預警監測網建設方面提供支援。

2．四月五日，美國國家安全顧問哈德利表示，美國會明白告訴中共領導人，美國歡迎中共在國際體系中崛起為一個「負責任的利害關係者」，並與美國合作，處理共同的挑戰和利益；同時哈德利強調，「要達到這樣的目標，美國正尋求一種能反映與中國關係複雜性的政策」，因此美國支持中共成為世界貿易組織的會員，鼓勵中共在六邊會談發揮影響力，並納入中共擴展符合環保要求的能源開發計劃。

## (二) 研析意見

1．中共當局認為「全球化」是一把兩面刃，其一方面可以透過與全球經濟體系的密切互動，使中國大陸的經濟能夠持續快速成長，另一方面，如果中共當局無法妥善的處理全球化所帶來的衝擊，其也可能造成中國大陸的經濟社會發展，偏離正常的軌道，甚至出現倒退的局面。整體而言，從中共領導人的角度觀之，全球化的內涵包括：資金的流動、武器的擴散、傳染病的蔓延、恐怖份子的威脅、自然災難包括地震海嘯的傷害，以及網路犯罪的盛行等。對於中共當局而言，其如何將全球化所產生的現象與活動，導向可管理的途徑，並進而從中創造有利中共的形勢，也將會成為其重大的執政課題。

2．在國際政治經濟的架構中，中共方面認為，國際政治的民主化是全球大趨勢中，自然形成的一種現象，而這種國際政治民主化的結構，將可以發揮牽制美國單一霸權的作用，並進一步削弱美國單邊強權政治的影響力。同時，對於正在逐漸崛起的中共而言，其正好可以運用安全合作、雙贏策略，以及採取多邊經貿合作或安全合作架構的設計，來凸顯北京在國際社會中的影響力。因此，中共當局決定加入世界貿易組織、加入G七會議、加入G二十會議，創立「北京論壇」、「上海論壇」，以及「博鰲論壇」的設計，都是針對全球化趨勢的因應策略。

3．在全球化的趨勢中，軍事安全領域的議題，也是中共當局高度重視的部份。基本上，中共方面認為，台灣問題是中共所面臨的一項重大傳統性安全議題。除此之外，中共當局在SARS疫情爆發後，亦開始正視全球化趨勢所帶來的非傳統性安全議題。同時，在朝鮮半島核武危機的議題、中東地區的軍事衝突，以及中亞和新疆邊界的恐怖份子活動和疆獨擴散議題等，都直接或間接的影響到中國大陸的經濟發展和社會穩定。因此，中共當局有必要運用本身的經濟實力和政治影響力，積極地參與這些地區的活動，以有效的掌握這些地區的重要脈動，進而增加中共的戰略資源，並降低這些地區的衝突對中國大陸帶來負面影響。

4．整體而言，中共當局在一九九六年第一次使用「全球化」的概念，已經從排斥轉為接受，甚至進一步規劃全面性的策略，以期在全球化大趨勢的兩面刃中，創造中國大陸和平崛起的國際環境。基本上，中共當局認為全球化所孕育出來的國際政治民主化格局，正好可以牽制美國的單邊主義霸權。因此，中共當局決定積極地參與國際組織與國際論壇，並與俄羅斯、法國、德國等，建立戰略互動關係，同時，中共亦開始積極地拓展其在非洲、大洋洲，以及中南美洲的經貿外交活動。此外，中共本身亦主動的倡導成立區域性的經貿互動和軍事安全合作機制，為進一步的成長與發展創造條件。換言之，中共當局在面對全球化的大趨勢，已經從早期的排斥拒絕，轉變為積極參與，甚至開始成為全球化趨勢的獲利者。

備忘錄二五〇

# 中共的能源安全戰略新思維

時間：二〇〇六年四月二十三日

## （一）相關情況

1．四月二十二日，中共國家主席胡錦濤抵達全球最大的原油生產國沙烏地阿拉伯訪問，並與阿布杜拉國王舉行會談，簽署一系列經濟及能源合作協定。二〇〇五年間，中國大陸原油進口量約達一點三億噸，而沙烏地阿拉伯則是目前中國大陸最大的石油供應國。胡錦濤此次訪問沙國最實際的工作，就是在鞏固中國大陸油源供應的穩定性；此外，中共亦藉此機會與沙國商討有關，建設從沙國經過巴基斯坦到中國大陸的全新石油運輸管道，以減少對麻六甲海峽的依賴程度。

2．四月二十二日，由中共主辦的「博鰲亞洲論壇」二〇〇六年年會，在海南島舉行開幕式。中共國家副主席曾慶紅在演講中指出，亞洲國家與企業界應該積極地進行能源合作，以共同應對國際原油價格不斷攀高的新形勢。隨後，中共國家發展和改革委員會副主任張國寶強調，高油價是挑戰也是機遇，他進一步呼籲以國際合作，推動石油勘探生產投入，同時並敦促各國政府和企業對替代能源和節省能源技術的投資和開發。

3．根據美國能源資訊局的統計顯示，二〇〇〇年時，中國大陸每天要消耗四百七十八萬桶原油；到二〇二〇年時，中國大陸每天預計要消耗一千零五十萬桶原油，並且將取代日本成為僅次於美國的原油消耗國；此外，估計中國大陸到二〇二〇年時，仰賴進口的原油比例將高達百分之六十以上。目前中國大陸原油進口的主要地區主要包括伊朗、沙烏地阿拉伯、阿曼、葉門、安哥拉，以及奈及利亞等國；此外，中共當局為分散海外能源供應來源，正積極地與印尼、澳大利亞、委內瑞拉、秘魯、伊拉克、蘇丹、阿塞巴彊，以及哈薩克斯坦等國，進行能源共同開發的合作計劃。倘若這些計劃都能夠順利的進行，中共估計將可掌握二十七億桶左右的海外石油儲備量。

## (二) 研析意見

1．中共在國家發展戰略上，已經朝向國際開放與共同合作的軌道邁進，而其中的重要內涵包括：(一)積極推動經貿的改革開放措施，加強吸引外資、技術，並擴大全球性的貿易互動，同時，運用WTO的架構，促進中國大陸的經貿體系，與世界經貿市場規範接軌；(二)有效利用經貿上的實力，逐漸在國際的政治舞台上，發展區域性的影響力，並展現出有所作為的國際戰略；(三)透過經貿與區域政治等影響力，積極地在世界主要地區，開拓能源和原物料的穩定供給來源，做為支持中國大陸經濟持續發展的關鍵性基礎。現階段，中共方面運用經貿互動、軍事合作、共同開發，以及政治利益交換等措施，加強在世界主要地區與國家，建立長期性的能源供應關係。

2．中共積極向世界各地區尋求穩定的石油供應來源，除了為因應能源需求面遞增的客觀現實，其同時也兼顧三項戰略性因素的考量：（一）防範全球性能源供給的突然中斷，造成能源短缺危機和價格快速竄升，進而導致生產成本高漲，甚至經濟活動停頓的重創；（二）防範中國大陸的經濟發展進程，受到中東局勢變動，或者受到中亞或非洲政局不穩的衝擊；（三）防範中國大陸的能源供應來源，受到美國的控制。由於美國在中東地區和重要能源生產地區，均扮演軍事性的主導地位，同時，美國也在重要的能源運輸線上，部署強大的海軍，因此，中共必須要分散能源供應來源，以避免被美國牽制與挾持。

3．中共現階段所推行的能源安全戰略措施包括：（一）加強與現有能源供應國及地區的雙邊互動關係，並積極發展不同的能源運輸網路，以分散能源供應的風險；（二）運用三家國營石油能源公司，積極在世界各地併購石油和能源公司，並與相關國家和公司合作開採能源；（三）運用長期合約或直接投資的商業互動模式，與能源出口國建立長期的能源供給關係；（四）透過外交的手段，以政治、軍事、外交的利益，換取能源出口國與中國大陸的長期能源供應合約；（五）運用強勢的主權聲明，對潛藏豐富能源的沿海、邊界，以及海域等地區，積極進行能源的開發；（六）效法西方工業國家及日韓的模式，在二〇〇四年開始建立「戰略石油儲備」的機制，並陸續建造六個「戰略石油儲備」基地，以增強本身對於石油能源供應出現緊張時的反應能力。

備忘錄二五一

# 胡錦濤的對美工作方針

時間：二〇〇六年四月二十四日

## （一）相關情況

1．中共國家主席胡錦濤於四月十八日啟程到美國進行訪問。在四天的訪美行程中，胡錦濤分別在美國西雅圖、華府，以及耶魯大學，發表三場演講。根據中共官方透露，胡錦濤有意運用此次的「國是訪問」，積極尋求與美方建立密切的建設性合作關係，並轉變美國部份人士對中共圍堵政策的思維；此外，中共方面亦希望能夠透過高峰對話，針對台灣問題、「中」美經貿問題，朝核及伊朗核武發展情勢、美國對中共高科技出口限制、美「中」能源合作，以及人民幣匯率調整等重大議題，達成具體的建設性共識，以朝向互利共贏的目標努力。

2．四月二十日，美國總統布希在白宮歡迎中共國家主席胡錦濤，並就有關台海議題重申美國仍然維持一個中國政策，並強調「美國反對兩岸任何一方面改變台海現狀；同時美國也促請所有各方避免對抗性或挑釁性的動作」。隨後，胡錦濤表示大陸方面將堅持在一個中國原則的基礎上，促進兩岸關係改善與發展，並盡最大的努力，爭取兩岸和平統一。

3．四月二十日，中共國家主席胡錦濤在回答美國媒體詢問中國大陸何時能有自由選舉，成為民主國家時表示，中國大陸在改革開放後，已大力推進經濟和政治體制改革，未來仍將根據中國大陸的國情和人民意願，發展社會主義的民主政治。

（二）研析意見

1．以胡錦濤為首的中共領導當局認為，中共的國家安全戰略核心目標有三項包括：（一）鞏固共產黨政權的統治基礎；（二）維持國家主權的統一與領土完整；（三）建立國際性的聲望與影響力。目前胡錦濤政權運用經濟環境的改善，來強化穩定政治社會基礎的功能。此外，中共方面也積極地發揮其經濟資源的影響力，做為推展其國際安全戰略的工具，尤其是在亞洲地區的週邊國家和國際性的組織中，達成主導性的效果。北京的戰略規劃圈人士強調，未來的二十年，中國大陸與美國維持建設性合作關係，才是符合胡錦濤政權利益的對美工作方針。

2．隨著中國大陸整體綜合實力的成長與發展，美國方面認為，如何與崛起的中國大陸打交道，是目前美國外交政策的核心議題。雖然美國仍然不是很清楚，中共將會如何運用其日益擴大的影響力。但是，現階段美國將積極敦促中共成為世界體系中「負責任的利益相關者」，並與中共發展建設性的合作關係，包括就有關共同發展能源安全合作機制等重大議題，進行具體的互動。基本上，今天的中國大陸與四十年代的蘇聯有很多不同點包括：（一）中共並沒有在世界各地擴散激進的反美意識形態；（二）中共雖然還沒有民主化，但是卻也沒有將自己定位在世界民主國家的對立面；（三）中共雖積極地採取重商主義政策，但是卻沒有擺出要與資本主義對決的姿態；（四）中共的領導人認為中國大陸若要成功地發展，就必須積極地與現在的世界體系互動，而不是準備要顛覆世界體系。因此，美國對中共政策的主流思維將會逐漸從尼克森時期發展出來的「共同反對」思維，轉變成「共同贊成支持」的積極性思維，並開始規劃發展共同合作的機制，以進一步成為分擔世界責任的夥伴關係。近幾年以來，布希總統一再地公開表示，美國歡迎中國大陸朝向強大、和平與繁榮的方向發展，同時，也希望能夠加強與變動中的中國大陸，發展更加密切的建設性互動關係。此外，布希政府亦積極地鼓勵中國大陸參與國際性的政治、經濟和安全機制，並逐漸擔負重要的責任，成為一位國際社會中的貢獻者。

3．在面臨全球化的競爭趨勢挑戰下，胡錦濤政權對美國的戰略思維，除了把握「和平與發展」的原則，積極強化與美國的建設性合作關係外，顯然也沒有其他的選擇。目前，美國是大陸產品的重要出口市場，也是大陸經濟發展所需要的資金和技術等，重要的來源。因此，胡錦濤政權也願意配合美國的政策，在國際上發揮建設性貢獻者的角色，包括共同執行反恐戰爭、維持朝鮮半島的穩定、促進中東地區的和平、防止大量毀滅性武器的擴散，以及保持台海現狀，避免局面失控造成軍事衝突的危機。隨著中國大陸整體綜合實力的不斷成長，其對於國際間的經貿活動、軍事安全，以及多邊性架構的國際機制，亦日趨重視。因為，胡錦濤政權瞭解到，在不挑戰美國地位的前提下，中共方面積極地與國際經濟體系互動，並分擔國際安全責任，將更有利於維持和平的多邊國際環境，促使中國大陸的經濟發展更上一層樓。整體而言，胡錦濤的「大國外交」政策，有意積極強化與美國的合作關係，並已獲得來自於大陸內部的支持。除非在未來的幾年，美「中」的互動基礎受到重大因素變化的衝擊，或者雙方為朝鮮半島問題翻臉。否則，美「中」關係要回到二〇〇一年時布希政府的對華政策路線，即是將中共視為會威脅到美國國家利益的「戰略競爭者」，其可能性已經大幅降低。

備忘錄二五二

## 美「中」台互動關係的最新形勢

時間：二〇〇六年四月二十五日

四月二十二日，美國『華盛頓郵報』在專題報導中指出，中共國家主席胡錦濤於二十日在白宮南草坪接受歡迎儀式，表面上看來是在慶祝雙方關係的改善，實質上則是著眼未來，估量如何共享國際舞台；在「布胡會」後，胡錦濤向媒體強調，這次美「中」雙方達成了一個重要的協議，即「根據新的環境和國際情勢，中美兩國共享著廣泛的共同戰略利益」；不過郵報認為，未來的美「中」互動關係將如何發展仍不明朗，因為中共方面對於美國政府處理雙邊互動關係政策的穩定性與一致性，仍然有相當程度的疑慮。現階段，美國與中共之間有許多重大的議題尚未達成協議，其中包括：（一）台灣問題。尤其是目前美國與台灣的軍事互動日益熱絡，將可能導致美「中」關係趨向不穩定；（二）反大量毀滅性武器擴散的問題。中共方面表示，美國不應把北京支持反核生化武器及彈導飛彈的擴散視為當然，必要時，美國需要提出誘因來促進雙方進行合作；（三）反恐怖主義活動。中共對於支持美國的全球反恐活動仍有四項牽制因素包括：美國介入中亞終將使中共的利益受到損害與挫折；巴基斯坦傾向美國終將使中共在南亞的利益與影響力受到壓抑；美國軍事介入北韓將導致美「中」關係的緊張；北京對於日益增強的日本軍備實力和積極的角色，終將會產生疑慮，並進而牽動對美日軍事同盟的排斥。根據美國「華盛頓郵報」在四月二十日的一篇專文中指出，美國國防部正在推動一項秘密戰略，並大規模加強駐亞洲美軍軍力，以強化美國及盟邦嚇阻甚至擊敗中共的軍力；此外，美國官員表示，美國大幅提升駐亞洲軍力，主要目的是促使中共放棄與美國為敵，並確保一旦與中共兵戎相向，擁有就近迅速擊敗對方的實力。換言之，美「中」互動的「兩手策略」仍然是雙方戰略思維的主軸，而其中的「台灣問題」，顯然已經成為雙方「既合作又競爭」的籌碼。今年四月中旬，美國「太平洋論壇」（Pacific Forum CSIS）的「比較關係電子報」（Comparative Connections: A Quarterly E-Journal on East Asian Bilateral Relations），即發表兩篇研究報告，題為"US-China Relations：Discord on the Eve of the Bush-Hu Summit"和"China-Taiwan Relations：Missed Opportunities"；在此之前，美國的中國問題專家陸伯彬（Robert S. Ross）曾經在「外交事務雙月刊」（Foreign Affairs March/April 2006），發表題為"Taiwan's Fading Independence Movement"的專論，並於二〇〇五年十一月，在「史坦利基金會」（The Stanley Foundation）的政策分析報告中，刊載"A Realist Policy for Managing US-China Competition"的文章。這四篇專論均針對美「中」台互動的最新形勢，提出深入的剖析，其綜合要點如下：

第一：美國面對綜合實力日益在亞洲地區崛起的中共，有必要規劃一整套細緻務實的戰略架構，創造美國與中共在亞太地區「可管理的競爭」（Managed Competition）環境，一方面儘量降低美「中」雙方因利益衝突，所可能導致的緊張氣氛，另一方面亦應強化美國在亞太地區的多邊和雙邊同盟關係，同時並確保美國在西太平洋地區的海上軍力優勢與航線的安全。整體而言，現階段的美「中」互動形勢，其所牽涉的重要變數，除了美「中」雙邊的複雜議題外，還包括中共與日本的雙邊複雜關係、中共與朝鮮半島的互動、台海兩岸的互動議題、中共與東協國家的互動、中共與印巴兩國的互動、中共運用「上海六國合作組織」與中亞俄羅斯的互動等因素。因此，美國為鞏固其在亞太地區的戰略優勢與長期享有的經貿利益，有必要積極的鼓勵中共，成為促進區域和平穩定的貢獻者，並接受中共將在亞太地區擁有更多政治、經濟，甚至軍事發言權的趨勢。

第二：隨著台海兩岸經貿互動和人員往來的質量，出現顯著提升之際，美國與中共有必要針對「如何避免台海地區爆發軍事衝突」的議題，建立明確的「防範危機預警機制」，而其中即包括，美國在支持台灣繼續擁有安全繁榮，以及政治經濟自主性的同時，能夠避免製造鼓勵台灣獨立的錯誤訊息。今年三月下旬，國民黨主席馬英九在美國所提出的「兩岸關係五不五要」，以及台灣參與國際社會的「活路模式」（Modus Vivendi），值得美「中」領導人士進一步思考。不過，目前陳水扁的政策意圖不明，而北京方面亦傾向於拉攏台灣的在野黨，並刻意孤立民進黨政府的策略，仍然是牽動未來數月間，美「中」台互動的不確定因素。

第三：目前，美國多數民眾對於中國大陸崛起的趨勢，仍然存有相當程度的焦慮感，而且在透過媒體的擴大報導下，若干具有分歧利益的議題，例如貿易不平衡、美國傳統產業失業工人劇增、人民幣匯率調整，以及人權和宗教自由等，都很容易轉變成具有破壞性的政治議題。不過，美國與中共高層人士的互動，顯然較能以務實的態度，運用對話的方式，來共同面對問題。今年四月到六月間，美「中」雙邊的戰略性對話，除了四月下旬的「布胡會」之外，還包括：第八屆國防諮商會議、美軍太平洋總部司令法倫上將赴大陸訪問，以及第三屆美「中」高層戰略對話，由副國務卿佐立克與中共外交部副部長戴秉國，就多項重要的議題，進行實質性的討論。

備忘錄二五三

# 中共面對美國軍力轉型挑戰的戰略選項

時間：二〇〇六年五月三日

五月二日，美國與日本外交軍事高層，在華府舉行了「二加二」部長級會談，並共同發表了駐日美軍的整編報告，以及重新定義「美日軍事同盟關係」。整體而言，美國調整駐日軍力，從琉球撤走八千名陸戰隊員，但卻在日本座間市設置一個新的司令部，與日本的自衛隊合為一體，將日本視為亞太軍事戰略佈局中的前進基地；此外，美日共同安保對象除朝鮮半島的北韓與最大潛在威脅的中共外，還增加了全球規模的美日共同反恐項目，包括從東北亞到中東、非洲等「不安全的弧形」區域，都納入美日新安保的防衛範圍。五月三日，美國的紐約時報在專題報導中指出，布希政府正尋求研發部署在地面的強大雷射武器，而這種武器將可用雷射光束，摧毀地球軌道上的敵方衛星。根據美國國防部官員表示，未來幾年美國可能需要太空武器來保衛美國衛星，因為美國在導航、偵察，以及攻擊預警方面，都高度仰賴軍事衛星，所以「白宮希望我們能做太空防禦，以保護我們在軌道的資產」。二〇〇五年二月，美國中央情報局及國防情報局的首長，先後在參議院情報委員會的聽證會上指出，美國整體的國防安全戰略利益有四項要素包括：（一）防止大量毀滅性武器擴散；（二）打擊恐怖份子的極端主義；

（三）控制「失敗國家」所造成的危險；（四）掌握崛起中重要國家的戰略選擇動向。對於美國而言，中共是現階段以彈導飛彈瞄準其本土的國家，因此，美國有必要密切地掌握瞭解中共的國家安全戰略動向，以及整體的軍力發展程度；同時，美國也必須密切觀察，共軍持續進口先進武器和技術的系統性整合能力。二〇〇六年五月初，美國重要智庫「蘭德公司」的國防研究中心（National Defense Research Institute, RAND Corporation），發佈一份為美國國防部長辦公室所準備的研究報告，題為“Chinese Responses to U.S. Military Transformation and Implications for the Department of Defense”。全文即針對中共面對美軍轉型挑戰的戰略選項，提出深入的剖析，其綜合要點如下：

第一：現階段，中共的國家戰略仍是以維持國內政局穩定、全面推動經濟發展，以及保持和諧的國際週邊環境為主軸；中共軍力的持續發展，雖然帶來了「中國威脅論」的疑慮，但是，在「反恐戰爭」的考量中，卻也為中共創造了國際合作的戰略性機會之窗；不過，中共的領導人仍然認為，以美國為首的西方世界國家，並沒有放棄遏制中共發展的思維與部署，尤其是從美國和歐盟繼續限制出口高科技產品，和先進軍事裝備給中國大陸的政策，即可明顯地瞭解到，西方國家與中共之間的互動，尤其是在軍事安全的要害關係上，依舊處在「既合作又競爭」的格局之中。

第二：共軍的戰略規劃圈人士認為，美國所推動的「軍事事務革新」，經過兩次波灣戰爭的驗證，不僅展現出其成功改革的一面，而且還突顯出美軍轉型後，在戰力上的快速提升。因此，中共軍方有必要縝密的規劃全面強化軍力的戰略，並急起直追，才不會落後挨打。目前中共軍方積極發展的武器包括：（一）固態燃料推進的洲際彈導飛彈體系；（二）戰區性和戰略性的巡弋飛彈打擊能力；（三）以人造衛星為主體的指揮、管制、通訊、資訊、偵察、監控系統，做為資訊戰、電子戰，以及快速反應作戰的主控平台；（四）核動力的攻擊型潛艦潛射洲際彈導飛彈；（五）運用在電子戰及偵搜功能的無人駕駛飛機；（六）運用衛星導航輔助系統、提升長程、中程和短程的彈導飛彈精準程度。此外，中共軍方的權力結構在新軍事戰略構想的指導下，已經出現具體的轉變。共軍的空軍、海軍，以及戰略導彈部隊的司令員，都已經納入中央軍委會的成員，而此顯示中共軍方正朝發展「聯合作戰能力」的方向前進。值得特別注意的是，中共軍方對於巡弋飛彈的發展，已經投入相當龐大的資源。到二〇一五年間，中共軍方將擁有可觀數量的空射及陸射型巡弋飛彈。同時，共軍正透過自行研發及外購的方式，積極建立攻艦巡弋飛彈的能力。這種攻艦巡弋飛彈將可以從飛機、陸地、船艦，或潛艦上發射，以攻擊海面上的航空母艦或戰艦，對於美國海軍而言，將會是相當嚴肅的防禦挑戰。

第三：中共在面對美軍轉型成功的挑戰下，其主要的軍事戰略選項有四個包括：（一）提升強化傳統性武器的戰力，包括太空武器、潛艦，以及反艦巡弋飛彈等，對美軍的致命弱點和高價值的目標，直接進行反制攻擊，以期達到影響戰局的決定性作用；（二）運用顛覆、破壞和資訊作戰的行動，在台海軍事衝突時，一方面摧毀台灣人民的抗敵意志，另一方面則是化解美軍介入的威脅，尤其是運用資訊戰中不對稱的作戰能力，直接針對美軍最脆弱的後勤補給系統，施予致命性的攻擊，以嚇阻美國以軍事行動介入台海衝突；（三）運用短程、中程，以及長程彈導飛彈優勢，形成攻擊型的軍事戰略，並迫使美軍必須重新思考其整體的飛彈防禦系統和本土的安全；（四）發展中共版的「網狀化作戰」能力，同步強化感應偵察和精準攻擊武器。整體而言，中共軍力的發展已經促使台灣海峽的動態平衡，朝中共方面傾斜，同時，中共的軍力在亞太地區對美軍所構成的威脅，也正在增加，而其中亦包括以彈導飛彈和巡弋飛彈嚇阻美軍介入台海戰事的能力。

備忘錄二五四

# 中華民國總統的挑戰

時間：二〇〇六年五月十四日

五月十三日，陳水扁在參加第八屆總統杯中央機關員工球類錦標賽開幕典禮時表示，在場的行政團隊不是不唱國歌，就是唱得很小聲，這是很嚴肅的課題，對國家競爭力提升有所妨礙。隨後，國民黨主席馬英九指出，陳水扁早就該講這些話了，如果在六年前講，現在唱國歌的人就會更多；大聲唱國歌本來就是天經地義的事。不過，陳水扁的「大聲唱國歌」說法，立即引發獨派團體反彈，並認為這是倒退的做法，而呂秀蓮更強調，這麼愛唱國歌，有種就到北京去唱，把國旗搬過去，到北京喊中華民國萬歲。綜觀這些「唱國歌」的爭議，即可反映出現階段中華民國在台灣地區所面臨的艱難處境。未來的幾年，不論是由國民黨執政，或是由民進黨繼續主政，中華民國總統所要面臨的挑戰與考驗，只會更加嚴峻。倘若執政黨承諾要把台灣的活力與自信找回來，要讓台灣變得更好，就必須要對下述的議題，進行深入的研究，並提出整體的因應對策：第一、面對台獨與中共聯手封殺中華民國，壓縮中華民國國際生存空間的挑戰，執政黨的破解之道為何？第二、面對中國大陸經濟的磁吸效應，導致可觀的資金、技術、人才與資訊，從台灣快速的地流向大陸，執政黨能否提出經濟發展戰略，運用大陸為腹地，化空洞邊緣危機為再發展的轉機，促進台灣的經濟實力更上一層樓？第三、面對北京當局祭出的對台懷柔策略，執政黨將如何借力使力，並創造出更寬廣的雙贏空間？第四、面對中共戰略性軍事能力，已經逐漸形成嚇阻美國介入台海局勢的有力因素，執政黨的國家安全戰略指導原則為何？第五、面對中國大陸的經濟發展條件，逐漸形成推動中共政治體制改革壓力的新趨勢，執政黨將如何因應這種變化，進而規劃贏的策略，成為民主中國的貢獻者？目前，有部份反對台獨的人士認為，堅持「中華民國」是保留台灣與中國之間的政治、歷史橋樑，可以防止台灣「去中國化」。但「中華民國」應不是只有橋樑的價值，尤其對於捍衛中華民國生存發展的中國國民黨而言，明確地揭示中華民國的國家目標，積極務實地策定各項施政方針，並妥謀重返執政大計，爭取總統大選勝利，然後按明確的政策指導，運用集體智慧，為人民興利除弊，才是破解中共與台獨兩面封殺「中華民國」的正道。二〇〇六年三月美國華府重要智庫「美國大西洋理事會」（The Atlantic Council of the United States），發表一份題為“Taiwan In Search of a Strategic Consensus”的研究報告，即針對我國所面臨的新挑戰，提出深入的剖析；二〇〇三年三月美軍太平洋總部的「亞太安全研究中心」（Asia-Pacific Center for Security Studies），亦曾經提出：“Taiwan's Threat Perceptions: The Enemy Within”的專題分析，認為台灣真正的問題來自於內部的分歧與缺乏長期性的戰略目標共識。現謹將兩篇研究的綜合要點分述如下：

第一：現階段，中國大陸的成長、東亞地區的發展，以及全球環境的變化，已經對中華民國未來的生存發展，構成新的挑戰。而中華民國是否有能力建立內部的戰略性共識，以面對挑戰，更將是國家領導人最重要的任務與考驗。目前，中國大陸的綜合實力不斷地增長，反觀台灣的綜合實力卻因遲遲無法解決最基本、但卻相當困難的長期戰略性共識問題，而快速地衰退。這些嚴重傷害台灣實力的難題包括：（一）朝野政黨及政治精英對攸關國家共同利益的兩岸關係政策，嚴重地缺乏共識；（二）台灣缺少促進經濟產業再升級所需要的基礎建設；（三）台灣的國防體系需要建立具有實質性的戰略與政策，並在結構上進行全面性的改革；（四）台灣整體的民心士氣在面對中共心理戰所顯露出的脆弱程度。根據研究小組對台灣的政府官員、學者專家，以及工商界人士進行訪談的結果顯示，多數受訪人士認為，中共對台灣的威脅主要是以政治和經濟手段為主，軍事手段反倒是其次；然而，多數人士深切的表示，台灣內部遲遲無法就前述四項難題，提出有效的因應化解之道，才是台灣整體安全的最嚴重威脅。

第二：在全球化的大趨勢下，美國與中共的互動關係已經發展出全新的戰略環境，而雙方的共同利益亦趨向緊密。相形之下，美國對台灣的重視程度將逐漸下降。由於台灣內部對國家最基本的憲政體制與國家認同問題，出現愈來愈激烈的爭議與分歧，因此，對於關係到整體國家利益的國防、外交、兩岸關係等政策，都嚴重缺乏共識的基礎。這種重大政策路線嚴重分歧的狀況，只會造成整個國家經濟力和綜合實力的衰退。基本上，台灣的經濟實力越弱，其能夠與中共協商談判的籌碼也就越單薄。換言之，台灣的朝野若不能在重大的長期性戰略議題上達成共識，將會嚴重傷害台灣的經濟，導致資金、技術與人才更加快速地往中國大陸移動。同時，台灣在國際上也將會更加的孤立，甚至傷害到台灣在亞太地區的戰略性價值，並促使美國方面重新評估台灣在其西太平洋戰略利益量表中的位置。

第三：整體而言，對美國繼續維持台海地區和平與穩定的最大挑戰在於，美國如何保持嚇阻中共犯台的優越軍事能力，並防範台北方面祭出台獨的冒進行動，挑釁中共的底線。近日以來，美國方面透過多種的管道，明確地告知民進黨政府，有關美國處理台海問題的政策底線。同時，其亦勸告台北當局應把更多的精力放在提升經濟競爭力的議題上。

備忘錄二五五

# 美國調整亞太戰略的中共因素

時間：二〇〇六年六月二十日

## （一）相關情況

1．六月十六日，中共的軍事代表團一行十人，應美軍太平洋總部司令法隆的邀請，啟程前往關島參觀軍事演習。這是歷年來美軍首次邀請中共軍官，觀摩美軍在太平洋地區單獨舉行的軍事演習，而美方人士指出，這次的軍事交流，具有「超越軍事的意義」。根據美軍太平洋總部公共事務辦公室表示，美軍將於六月十九日至二十三日，在美國西太平洋領地關島附近，舉行代號「二〇〇六勇敢之盾」的大規模軍事演習，包括三個航空母艦戰鬥群、三十艘艦艇、二百八十架戰鬥機，以及二萬二千名軍隊，都將投入這場演習行動，是近十年以來，美國在太平洋地區調集航空母艦最多的一次軍事演習。美國前太平洋美軍總部司令布萊爾認為，這次共軍願意參與觀摩美軍的演習活動，雖然只是兩國間的軍事交流，但卻已經為今後中共參與多國聯合軍事演習埋下伏筆；長遠來看，共軍應該積極參與亞太地區的維和、反恐，以及打擊海盜等國際安全合作的軍事行動，而邀請共軍參加聯合軍事演習，將有助於美軍與共軍增進瞭解，建立軍事互信機制，以及未來共同維持亞太地區和平穩定的責任。

2．六月十九日，美國國務卿萊斯宣佈副國務卿佐立克正式請辭，並將於七月離職。近兩年以來，美國與中共間建立了高層戰略對話管道，中共的負責人是外交部副部長戴秉國，而美方的首席代表即是佐立克。二〇〇五年九月二十一日，佐立克在紐約的「美中關係全國委員會」，發表一篇題為"Whither China :From Membership to Responsibility ?"的專題演講，強調美國應該敦促中共成為全球體系「負責任的利益相關者」（A Responsible Stakeholder），並認為美國如何與崛起的中國大陸打交道，是目前美國外交政策的核心議題。近兩年以來，美國處理對中共及對兩岸政策的重心，主要是放在國務院，而其中佐立克更是最重要的政策制定者，在他離職後，美國的對華政策動向是否會有重大轉變，殊值持續關注。

（二）研析意見

1．美國的亞太軍事戰略規劃者認為，台海地區、朝鮮半島，以及南亞地區等，是現階段亞太地區，最有可能爆發軍事衝突的熱點，因此，美國有必要針對這些地區的特性，提前準備各項軍事應變計劃，以防範美國的主導性優勢受到破壞；基本上，美國在亞太地區有必要運用「先發制人」的手段，同時，美國的軍事安全戰略必須與經濟性的目標結合，其中包括：保障重要航線的安全、維護能源供給的穩定、開拓經貿的重要市場和商業機會，以及對美國企業人員生命財產安全的保護等。此外，美國公開強調其在亞太地區的主要利益包括：（一）保護亞洲地區的民主國家和民主價值；（二）維持亞太地區主要航通與航線的安全順暢；（三）防阻大量毀滅性武器的擴散；（四）消滅全球的恐怖主義組織，以保障美國人口密集地區的穩定與安全。現階段，美國在強化其亞太地區軍力優勢的部署規劃上，有三項重點工作包括：（一）維持完整的軍事能量，包括高科技武器和相當數量的地面部隊，以因應各種不同性質的軍事衝突狀況；（二）維持廣佈亞太地區的軍事基地，以強化美軍調遣的彈性與靈活度；（三）保持與亞太地區盟國的密切互動，使美軍能夠順利的獲得前進基地，並且在用兵的正當性上，獲得較有利的政治支持。

2．從美國國防安全戰略架構的高度觀之，現階段，中共的國家戰略是以維持國內政局穩定、保持和諧的國際週邊環境，並積極從事經濟建設發展為主軸，但是，中共軍事現代化的發展，正以穩定甚至時有驚人進步速度的狀態下，逐漸的朝向區域性軍事強權的目標邁進。雖然中共的軍力到二〇二〇年間，還不太可能成為勢力擴及全球的第一流軍事大國，不過，以現行的發展趨勢推斷，中共的軍力將可以在十年間，改變亞洲地區的軍力平衡形勢。因此，美國的亞太戰略規劃者認為，如何轉化共軍的戰略意圖，使中共的軍力成為亞太地區和平穩定的貢獻者，而不是破壞者，確實是一個值得努力的方向。具體而言，近日以來，美國傾向採取的積極性措施，包括建立美國與中共的國防戰略對話機制和熱線電話、發展區域性的安全合作架構、增加各國間在經貿等領域的互賴關係、強調亞太地區若爆發軍事衝突所必須要付出的代價，以及鼓勵中國大陸周邊國家與中共發展雙邊或多邊性質的軍事互信機制等，都顯露出美國亞太戰略中的「中共因素」，已經出現轉變調整的跡象。

備忘錄二五六

# 「中國崛起」對美國的風險與機會

時間：二〇〇六年六月二十四日

六月二十三日，經濟部發佈最新的中國大陸經濟情勢評估報告指出，由於巨額的貿易順差及國際熱錢流入，中國大陸今年外匯存底預估將達到一兆美元，高居世界第一位；同時，人民幣維持強勢的趨勢不變，且將於近日升破一美元兌換八元人民幣的價位，並促成未來港幣匯率制度，出現改釘住人民幣而與美元脫鉤的重大變革。六月二十一日，新加坡資政李光耀在接受媒體專訪中表示，世界的重心，將會從大西洋轉向太平洋移動；根據估計，二十年內，中國大陸的經濟規模就會趕上美國，但每人平均GDP大約只到美國的五分之一；一百年後，中國大陸的經濟規模就會超越美國，每人平均GDP大約到美國的一半；此外，李資政強調，台灣不像新加坡那樣高度依賴全球市場，但台灣也必須改變，如果台灣不改變，不面對中國競爭的現實，台灣將會輸掉這場競爭。今年的六月二十二日，美國國防部主管亞太安全事務的官員，在國會眾議院軍事委員會所舉行的「中國軍力」聽證會中指出，中共軍力不會超越美國，但最壞的情況下，共軍已具備在亞太區域內挑戰美軍的能力；同時，中共的軍事現代化正使台海軍事動態平衡朝中共傾斜；中共至少有十種彈導飛彈，近八百枚短程彈導飛彈對準台灣，而且每年增加約一百枚；此外，中共並同時取得五種現代化潛艦。美國國防部主管國際安全事務的助理部長羅德曼強調，美國對華政策的目標是促使中共成為國際上負責任的利益相關者，而國防部的責任則是密切注意中共軍力的發展，並確保嚇阻衝突的能力，以及有能力實現對亞太區域的承諾，如果美國不留意，亞太區域軍力有可能失衡；隨後，國防部主管亞太安全政策的首席主任艾倫表示，軍事行動是美國最不願採取的手段，而美中台三邊關係需要每天管理。整體而言，美國在面對日益崛起的中國大陸，已經深刻的體會到所謂「中國威脅論」、「圍堵中國論」、「權力平衡論」，或者「全面交往論」等，都不足以完整地因應「中國崛起」所帶來的挑戰與機會。目前，美國華府的智庫界正針對「中國崛起」的議題，進行全面性的討論。今年六月二十二日，美國華府的「傳統基金會」（The Heritage Foundation），發表一篇題為：“Risks and Opportunities of a Rising China” 的專論；六月二十一日，美國中情局的外圍研究機構「詹姆士城基金會」（The Jamestown Foundation），亦發表了一篇題為 “Competing Interests Divide U.S. China Policy” 的研究報告；在此之前，華府「戰略與國際研究中心」（CSIS）所屬的「太平洋論壇」（The Pacific Forum），於六月五日由智庫領導人柯薩（Ralph A. Cossa），提出一篇題為 “Demystifying China” 的分析文章，並點出美國面對「中國崛起」所出現的思維轉變動向，現謹將三篇專題報告的綜合要點分述如下：

第一：二〇〇六年三月美國白宮發佈「美國國家安全戰略」報告，隨後在二〇〇六年五月二十三日，國防部亦提報國會一份「中共軍力評估報告」。綜觀兩份重要文件中針對「中國崛起」的議題，均明確體現出美國的行政部門，已經逐漸發展出一套融合經濟合作與軍事嚇阻，雙管齊下的細緻策略。具體而言，長期以來分別扮演「白臉與黑臉」的國務院與國防部，傾向於共同支持「負責任的國際利益相關者」（A Responsible International Stakeholder）的概念，並將積極敦促中共成為國際社會中，能夠發揮積極正面貢獻的利益合夥人。在這種政策原則指導下，美國國防部長倫斯斐公開地，在今年六月二日於新加坡舉行的「香格里拉安全對話」場合中表示，希望中共能夠增加其軍事現代化的透明度，而且美國也願意把中共視為共同維持亞太區域和平穩定的利益合夥人，並針對亞太地區的重大安全議題包括：朝鮮半島核武問題、台海問題，以及南亞核武競賽等，進行對話與合作；同時，倫斯斐強調，美國在亞太地區擁有重大的利益，因此美軍也將會繼續地留在亞洲，扮演積極正面貢獻者的角色。

第二：在經貿與政治的領域中，美國行政部門的主流思維認為，積極推動美國與中國大陸經貿的互動，不僅可以繁榮中國大陸的社會，而且可以為推動中國大陸政治自由化，培養厚實的經濟社會基礎。換言之，美國對「中國崛起」採取積極的經貿互動合作策略，不但為本國的企業創造豐富的商業利益，同時也有利於推廣美國的自由民主價值。不過，在一片樂觀積極正面的聲浪中，若干智庫的人士則強調，美國在歡迎「中國崛起」的氣氛中，也不能忽略其中的風險，尤其是美國企業界為爭取在中國大陸市場的商機，勢必會以更強力的遊說攻勢，要求美國政府部門，解除對中國大陸的各項高科技產品和技術的出口管制措施；同時，美國的投資銀行界為爭取中國大陸各項融資併購國際企業的合同，以及入股中國大陸銀行和重要產業釋股的活動，也勢必會在重大的公司營運政策上，朝中國大陸方面傾斜；此外，「中國崛起」將伴隨著對重要戰略資源的競逐與控制，以確保其本國的經濟發展動力，能夠持續不墜。換言之，美國與中共之間雖然逐漸發展出「負責任的國際利益相關者」關係，但是，雙方之間更深一層的戰略利益矛盾，不僅沒有消失，反而會因為「中國崛起」趨勢的日益明顯，而逐一地浮上枱面。

備忘錄二五七

# 美國對台軍售與兩岸關係

時間：二〇〇六年七月五日

七月四日，國民黨主席馬英九與立法院長王金平會面，就軍購預算議題交換意見，並達成共識認為九月立法院開議後，將儘快處理軍購預算，希望在會期中能夠順利完成；此外，馬主席指出，購買反潛機朝野都沒有太大意見，但潛艦部份爭議較大，似可先通過前置作業經費；隨後，馬主席在晚間舉行的中山會報中強調，行政院未能在這次立法院臨時會前提出軍購案，是一種懈怠，可見行政院並沒有很在意這筆預算的通過；同時，馬主席並鄭重的澄清，「軍購案絕對不是國民黨或王院長耽誤的」。整體而言，馬主席針對「對美軍購案」一貫的立場是，「台灣需要適當的防衛力量，但反對凱子軍購」；同時，「台灣到底需要什麼樣的防衛武器，要考慮到國防戰略、兩岸關係、政府財力，以及民意反應」。現階段，陳水扁政府一方面搞新憲台獨使兩岸陷入緊張關係，一方面又以國家安全為由，堅持以高價購買軍備，根本就是「一手玩火，一手放火」；此外，值得特別注意的是，對美軍購案不只是價格問題，更是涉及到兩岸關係和台美關係的戰略性問題，尤其應該思考如何避免陷入兩岸軍備競賽，或者成為「美日軍事同盟」圍堵中共的「砲灰和馬前卒」。二〇〇五年九月十五日，美國普林斯頓大學教授柯慶生（Thomas J. Christensen），在「美中經濟與安全檢討委員會」（The U.S.-China Economic and Security Review Commission），發表一篇題為"China's Military Modernization and the Cross-Strait Balance"的聽證會證詞；同時，柯慶生曾先後在「國家亞洲研究局」出版的「戰略亞洲」（Strategic Asia）和史坦佛大學發行的「中國領導人觀察」（China Leadership Monitor）季刊中，發表有關「台北—北京—華府互動形勢」的研究報告多篇。由於柯慶生即將於今年七月中旬正式出任，美國國務院主管兩岸、港澳，以及蒙古地區事務的副助理國務卿。因此其有關對台軍售案和美國對台海形勢的策略思維與看法，殊值深入瞭解。現謹將柯慶生教授所發表的研究報告內容及聽證會證詞，以綜合要點分述如下：

第一：台灣軍事現代化的發展，已經成為複雜而敏感的政治性難題。就台灣內部而言，朝野政黨的對峙，造成對美軍購案陷入僵局，並導致軍事現代化的具體進程嚴重拖延；就台海兩岸關係而言，中共軍力的擴張與台灣軍力相對的衰退，已經破壞了台海軍力的動態平衡，並可能導致中共對台灣的輕視誤判，甚至產生武力併吞、速戰速決的野心；同時，就台美的互動關係而言，原本美國擔心其對台軍售會引發中共的抗議與報復，或者讓台獨人士以為美國在暗中支持台獨，但是，現階段美國發現台灣內部有心想向美國買武器裝備，以強化國防能力對抗中共的人士，並不是主流，反倒是有較多數的人士希望美國能夠以軍事援助的方式，支持台灣進行軍事現代化。不過，對於美國而言，台灣現在的戰略價值，已經不符合美國軍事援助的標準，因此一再的向台灣朝野人士表示，面對中共軍力的日益強化，台灣的朝野領袖必須對國防支出的議題達成共識；此外，美國方面認為，台灣在軍事現代化的重點上，應該強化抵抗中共第一擊的能力，以度過兩岸軍事衝突中最危險的階段。因此，從美國在西太平洋地區整體安全利益的戰略高度觀之，美國對台軍售的項目中，最有價值也是台灣最應優先考慮的武器應屬反潛作戰偵察機和掃除水雷的直昇機；反觀潛艦的攻擊性和愛國者飛彈的局限性，不僅造價昂貴獲得費時，而且還會對美國與中共的互動關係，增加具體的不確定性因素。

第二：美國政府對於台海兩岸形勢的變化，擁有重大的戰略利益，因此，美國必須保持積極的態度與明確的立場，而不是採用「放任」的態度，來面對台海地區的情勢。首先，由於有不少民進黨決策人士認為，無論在任何情況下，美國都會以軍事行動介入台海衝突，事實上，美國的立場是當「中共無端的攻擊台灣」，美國才會根據「台灣關係法」，表示嚴重的關切，因此，美國政府應該勸阻民進黨政府，以修憲落實法理台獨的行動，挑釁中共引爆軍事衝突；其次，美國應該繼續堅守「一個中國政策」，至於是否協防台灣，美國應該保持戰略性模糊策略，不能夠把台灣納入美國的戰略夥伴；此外，美國應該運用雙重嚇阻的策略，一方面清楚地告訴北京，如果中共無端的武力併吞台灣，美國將會運用優越的軍力，做出軍事上的反應，另一方面，美國也應該明確的告訴台北，中共領導當局極可能會以武力手段對付法理台獨行動，因此，任何片面尋求法理台獨的措施，美國政府將會鄭重表示反對，換言之，美國支持台灣的民主發展，並不等於支持台灣獨立；最後，美國有必要明確的向民進黨政府強調：「台灣片面邁向獨立的舉動可能招致中共危險的反應，而這種反應可能摧毀台灣大部份的成就，並粉碎台灣未來的希望」。

第三：整體而言，現階段對台灣最有利的台海戰略思維重點包括：（一）積極提升台美合作的防衛能力以嚇阻中共武力犯台的野心，但是對發展攻擊性的戰略和武器，則必須再三思；（二）台灣當局應避免陷入法理台獨困局，迫使中共祭出武力手段，引爆台海軍事衝突。換言之，美國在台海兩岸互動的形勢中，一方面應該鼓勵並協助台灣增強嚇阻中共武力犯台的軍事能力，同時也必須勸阻台灣作出一些具體破壞台海現狀及和平穩定的行動。

備忘錄二五八

# 台灣邊緣化影響兩岸關係

時間：二〇〇六年七月六日

## （一）基本情況

1．根據經濟部投審會規定，在台灣上市上櫃公司中，淨值五十億元以下的公司，投資大陸金額不得超過淨值四成；淨值五十億到一佰億者，超過的部份上限三成；超過一百億者，大於一佰億元部份一律以二成計算。另按今年第一季上市公司季報統計，已有十九家上市公司在大陸投資超過上限；還有十九家可投資額度剩下不到二成；此外目前已有一百四十家上市公司的大陸投資額度，已經達到投審會核准限額，還有一百家上市公司達到九成。對於有意投資大陸的公司而言，政府規定投資中國大陸金額上限，已經被視為阻礙企業在大陸發展的最大絆腳石。由於民進黨政府已將「積極管理」為經續會定調，國內業者對於開放兩岸經貿也死了心；過去以股東私人名義投資、利用「境外基金」轉投資大陸，早已無法支應大陸地區龐大的擴廠資金需求，現在國內廠商乾脆直接到海外掛牌上市，走向朝國際資本市場募集資金一途。

2．截至今年六月底為止，在香港掛牌上市的台商企業約四十三家，預估今年下半年，還有四到五家台資企業將掛牌。由於民進黨政府對企業投資大陸金額設限，引發企業前往香港掛牌的熱潮。未來大中華區資本市場是香港、上海、台北等三地競爭的局面，科技股是台灣最具競爭力的產業，若在香港掛牌形成投資氣候，台股恐將有邊緣化危機；此外，國內企業有意運用香港作為引進「戰略投資人」的策略聯盟平台，例如國際大廠或中資企業和台商策略合作進軍大陸市場，因大陸中資企業的「戰略性投資人」不能入股台灣上市公司，但是卻可以在香港資本市場，完成策略性入股的行動。換言之，台商企業在台灣母公司的資金動能將日益萎縮，但是赴香港上市的公司卻因為營運靈活，而成為企業集團上市掛牌的最佳選擇。國內第一大民營企業鴻海集團的子公司富士康，去年在香港上市股價一年內大漲三倍。除了鴻海外，近期聲寶旗下最賺錢的子公司「瑞智精密」，已計劃分拆大陸事業體赴香港掛牌；統一企業決定透過私募基金，向中國大陸合作企業取得董監事席次，間接參與實際決策，達到投資的目的；另原計劃於明年底在香港上市的「中國統一公司」，也將大幅提前進度，改在今年底赴香港上市，以透過國際資金來壯大企業體質。

（二）情勢分析

1．近年以來，大陸內部的涉台事務部門和政策研究機構，已歸納出現階段處理「台灣問題」的策略指導原則認為，在政治上，「一個中國」目標依舊遙不可及，但兩岸經貿往來日益密切，有可能創造出經濟上的「一個中國」；甚至有研究人士主張建構「兩岸自由貿易協定」，利用經濟來促統；另外，也有學者建議運用「中華元」的概念，統一兩岸四地的金融機制，或者，由大陸當局規定兩岸經貿交易以人民幣結算，「綁架」台灣的外匯，減少台灣的美元支付能力；更值得重視的是，在大陸與港澳透過「更緊密經貿夥伴關係安排」（CEPA），形成關係密切的經濟區域，再加上「東協加三」及「中國－東協自由貿易區」的區域整合，兩岸經濟一體化的設計，將讓台灣越來越難抗拒。

2．整體而言，兩岸間經貿實力的我消彼長，已經瀕臨質變的邊緣。多數駐台的外資企業負責人普遍認為，台商很適合大陸市場，只是台灣再不開放，很可能就會「從世界地圖上消失」；此外，有愈來愈多的台商選擇在香港上市，並形成「港股中國化，台資港股化」的新現象。據此趨勢觀之，邊緣化的台灣已經在中共對台策略的佈局中，逐一地體現。一旦中共當局加重打擊「台獨」的力度，透過「政治一中」與「經濟一中」的手段，操作對台的「強硬與懷柔手段交織運用」策略，屆時，陳水扁政府在欲哭無淚的狀況下，將深切體悟「國家統一綱領」的意義與價值。

3．從美國的戰略利益角度思考，美國方面只想到中共可能會採取武力併吞台灣，卻很少想到台灣方面可能因經濟考量，而主動選擇與中國大陸結合。近年以來，美方人士曾經一再地強調，只要雙方以和平方式化解歧見，美國將不會在意其結果，但是，目前台灣內部及大陸內部的實質性變化，包括台灣對大陸經濟的依賴程度急劇上升，已有高達六萬家台資企業到大陸投資設廠，而到位的金額更高達一千億美元以上。中共的官員即明白地指出：「我們的經濟是我們最好的武器，我們不會打台灣，我們用買的，這種作法是很中國式的」。此外，當中國大陸的綜合實力不斷增強之際，美國也必須慎重地考量兩岸融合對美國利益的影響。更值得注意的是，當台灣人民的意願出現結構性變化時，也就是隨著台灣邊緣化與「經濟一中」的深化，一旦多數的台灣民眾因經濟因素，而願意選擇與大陸融合時，美國和台獨人士又如何能夠阻止呢？換言之，不能善用大陸作為腹地來發展台灣經濟，致使台灣邊緣化，反而使得所謂「台灣主體性」化為烏有。

備忘錄二五九

# 美「中」台互動的最新形勢

時間：二〇〇六年七月二十二日

七月二十一日，美國國務院主管亞太事務的助理國務卿希爾，在華府的記者會中表示，中共處處幫著北韓，而且幫了幾十年，甚至出兵幫忙打仗，但是卻未獲得北韓應有的尊重，最後中共在聯合國決議案投下贊成票，恐怕就是因為北韓太不夠意思；同時，希爾認為，中共總是擔心萬一北韓發生動亂，可能有大批北韓難民湧入中國大陸，其實中共更應該擔心的是，如果北韓有了核武，又有飛彈，那才是更大的問題；最後希爾強調，美國要與中共密切合作，以相互尊重和務實計劃為基礎，努力化解北韓問題，同時也將因此而更積極的緊密合作，繼續共同解決其他問題。在此之前，美國總統布希於七月二十日，在白宮告訴中共中央軍委副主席郭伯雄，本月十五日聯合國安理會無異議通過譴責北韓決議案，展現他與胡錦濤「非常正面的工作關係」，強化美「中」兩軍交流關係，也符合東亞和世界的和平與穩定。與此同時，助理國務卿希爾則在參議院外交委員會北韓問題聽證會中表示，美「中」就北韓問題協商，沒有拿台灣問題來交易。此外，美國商務部亦曾在今年七月中旬，對輸往中國大陸高科技設備管制措施，做出重大修正，計劃對四十七類高科技設備或產品設限，以防止這些設備被非法移轉用途，或被使用於大規模加強中共軍力的計劃上。整體而言，美「中」之間「既合作又競爭」的互動格局仍然持續，但是台灣在美「中」台互動的大架構之中，卻明顯地出現比重與份量快速衰退的傾向。今年七月中旬，華府重要智庫「戰略與國際研究中心」，在夏威夷的機構「太平洋論壇」（The Pacific Forum CSIS），發表的「比較關係電子報」（Comparative Connections : A Quarterly E- Journal on East Asian Bilateral Relations）中，由葛來儀（Bonnie S. Glaser）撰寫題為“US-China Relations: Pomp, Blunders, and Substance: Hu's Visit to The U.S.”的專論；同時，卜大維（David G. Brown）亦發表一篇“China-Taiwan Relations: Despite Scandals, Some Small Steps”的專論；在此之前，前國務院官員容安瀾（Alan D. Romberg），亦在今年七月上旬發行的「中國領導人觀察季刊」中，發表一篇題為“The Taiwan Tangle”的研究報告。三篇專論均針對美「中」台互動的最新形勢，提出深入的剖析現謹將綜合要點分述如下：

第一：台灣內部的政局已經出現明顯的動盪。對於美國而言，這種政局發展的不可預測性和政策信用度的快速滑落，勢將迫使美國降低對台灣政府的期望，同時，也將促使美國方面，考慮增加對北京的倚重，以共同維持台海地區的和平與穩定。目前布希政府對於處理朝鮮半島和台灣海峽的問題，均認為南韓政府和台灣政府，都屬於基礎不穩的弱勢政府。因此，其有必要加強與北京政府，進行更具體的建設性合作互動，以維持美國在此地區的利益。與此同時，台灣也會在這種新的政策思維中，明顯的被邊緣化。

第二：美國以「台灣關係法」保障台海地區的和平與穩定，其真正的用意是維護台灣的民主社會，並避免台灣變成第二個香港，落入「一國兩制」的圈套之中。目前，台灣的民主政治發展，已經出現了結構性轉變。台灣人民要求擁有政治自主性的聲音，已經成為具體而強勁的力量。這股政治力量對於台海的形勢發展，也將會帶來明顯的衝擊，並迫使中共方面調整國家發展戰略的優先次序，把處理台灣問題列在議事的日程表上。換言之，美國的對華政策在「三公報一法」的架構下，雖然有效的維持台海地區將近三十年的穩定，但是，台灣內部政局的改變，也開始挑戰這個架構的基礎。在「台灣關係法」的規範下，美國有義務繼續提供台灣防衛性的武器，以保持台灣方面應有的國防力量。但是，現階段的兩岸關係與台灣內部局勢的演變，卻讓這項軍售的義務趨向高度的複雜性與政治的敏感性。一方面，中共認為美國出售先進的武器裝備給台灣，等於是向台灣當局釋放出「鼓勵台獨」的訊息；另一方面，台灣有部份人士認為，美國有義務保衛台灣的民主社會，因此也就沒有必要花費大筆的國防經費，向美國採購各項先進的軍事裝備和武器。然而，對於目前掌握政權的民進黨政府而言，其一方面希望美國根據台灣關係法，出售先進的防衛性武器給台灣，但是又受限於政府財政能力的困窘，而無法有效率地進行軍購的計劃。同時，美國方面亦擔心，若讓民進黨政府快速地獲得先進的武器裝備，是否會讓北京與台北同時解讀認為，美國真的有意支持兩岸分裂的政策，並進而刺激台北與北京同時做出改變現狀的行為。

第三：今年四月胡錦濤訪問美國，與布希總統就有關朝鮮半島議題、伊朗核武問題、開拓美商在大陸的市場商機、加強保護智慧財產權、加速修法與ＷＴＯ規範接軌、建立美「中」高科技戰略性貿易工作小組，以及承諾由商務部出版官方期刊，把中國大陸所有最新的經貿相關法規全部公佈等措施，都獲得具體的進展。新上任的美國財政部長鮑森認為，在缺乏一個健全的現代化金融體系下，中國大陸將無法擁有一個可以在競爭市場上自由交易的貨幣。因此，美國將積極地敦促中國大陸進行金融體系的改革，並加速開放金融市場，讓美「中」的互動關係在金融與經貿的領域，提升到更高的台階。

## 備忘錄二六〇 美「中」在亞太地區互動的戰略趨勢

時間：二〇〇六年八月五日

八月三日及四日，「美中經濟與安全檢討委員會」（US-China Economic and Security Review Commission），在華府國會山莊舉行題為「中國在世界的角色：中國是負責任的全球利益關係人嗎？」（China's Role in the World : Is China a Responsible Stakeholder ?）的聽證會。在會中，主辦單位邀請參議員伊賀飛（James M. Inhofe）、國務院東亞副助卿柯慶生、前中情局亞洲首席情報官沙特（Robert Sutter）、能源部政策副助理部長費德克森（katharine Ann Fredriksen），以及前國防部長辦公室政策中心主任麥克德維少將（Michael McDevitt）等人士，分別從國會、行政、情報、軍事，以及智庫的觀點，深入探討美國與中共在亞太地區互動的戰略趨勢。現謹將聽證會的相關內容，以要點分述如下：

第一：隨著中國大陸經濟實力逐年成長，以及外匯存底的快速累積，估計在二〇〇六年底將達到一兆美元的水準，中共的軍費預算在最近幾年，均呈現兩位數的成長，而其自俄羅斯和西方先進國家引進的軍事技術質量，更是令人不敢輕忽。目前中共正極積從事三項戰略性軍事能力的強化措施，包括：（一）核動力潛艦的潛射洲際彈導飛彈能力；（二）發展雷射殺手衛星，破壞執行戰場管理所需要的人造衛星；（三）建構雷達衛星及全球衛星定位系統，並同步發展陸攻及攻艦巡弋飛彈能力等。中共方面有意藉此嚇阻美軍直接介入台海戰事，並防範日本及南北韓在東北亞地區，破壞中國大陸的利益。此外，中共方面對於美國積極部署的國家飛彈防禦體系，亦保持高度的戒心，並計劃加速發展足以保持核武反擊能力的潛射洲際彈導飛彈，以為因應。

第二：美國曾經在亞太地區部署三萬七千名駐韓美軍及四萬六千名駐日美軍。目前美國正加重在關島基地和美軍太平洋總部的兵力部署，增加各項戰略性的軍事能力，包括核動力潛艦、高性能戰機、戰略性轟炸機，航空母艦戰鬥群，以及地面作戰部隊等。基本上，美國在面對中國大陸的崛起，以及其對亞太戰略格局的衝擊時，美國所採取的因應策略是，一方面加強與健康發展的中共交往，並就各項國際性的重大議題，創造共同利益，化解分歧利益；另一方面也隨時對萬一美「中」雙邊關係惡化或中國大陸發生動亂時，美國將有所準備。目前，中國大陸的經濟雖然不斷地成長，政治上也有一些體制上的改革，但是其社會複雜的狀態也不容忽視。同時，美國對於中共方面將如何運用其在亞太地區日益增強的影響力，並不完全清楚。甚至，現階段日本與中共的互動關係，也傾向不確定，因為，日本對於北韓的核武發展計劃有很深的疑慮，而北京方面卻遲遲不願明確表示反對北韓的核武計劃，進而導致日本方面有意採取發展自主性核武導彈能力的意圖；此外，中共一再對「參拜靖國神社事件」向日本施壓，而日本的主流勢力對於中共的高姿態心生不滿，並有意採取強硬的立場和相關的戰略性配套措施。換言之，日本與中共在東北亞地區的互動格局變化正在進行當中，而美國在亞太地區也必須要有「和、戰」的兩手準備。

第三：亞太地區主要國家對美「中」互動的議題，呈現出四項主要的態度趨勢：（一）亞太國家認真探討中國大陸崛起的議題，是冷戰結束以後的事情，尤其是在台海飛彈危機及亞洲金融危機出現之後，亞太國家瞭解到中共在亞洲的行為，不論是在區域安全和經濟發展上，都具有重大的影響力；（二）中國大陸崛起在亞太所造成的影響，仍然持續地在演變當中，尤其是日本正受困於內部的政治經濟難題、俄羅斯的影響力下降、印度和巴基斯坦也被國內政經難題所牽絆，而美國也有中東的僵局要收拾等狀況下，中共正好可以藉此機會發揮其在亞太地區的影響力；（三）目前大多數的亞太國家都希望與中國大陸進行正面的建設性互動，並加強在經貿上的合作，但是卻不願意表現出「臣服」的態度，同時其對於中國大陸在文化上和政治上的威權主義，仍然不時顯露出相當程度的焦慮感，因此，多數亞太國家仍然希望美國能夠繼續留在亞洲，以有效平衡中共力量的擴張；（四）亞太國家對於美國與中共的互動關係，經常處於一種週期性的變動，而感到相當的困惑。現階段，亞太國家最不願面對的難題就是，當美國與中共爆發激烈的衝突時，亞太國家勢必要被迫選邊站，而這種狀況將造成亞太主要國家，無所適從的窘境，因此，亞太國家都希望美國與中共之間，能夠維持一種穩定、一致，而且可以

預測的互動關係，使亞太國家的軍事安全與外交政策，能夠在一個穩定的架構內推動與發展

第四：中國大陸的崛起在亞太地區所造成的複雜情緒與焦慮感，正好能夠為美國在亞太地區所推展的經貿政策，以及軍事安全合作計劃，創造有利的促進效果。因為，中國大陸的快速發展與勢力的擴張，讓亞太地區的主要國家想到牽制其影響力過度膨脹的必要性，並希望美國能夠繼續留在亞太地區，發揮積極正面的作用，成為維護亞太地區軍事安全的保證者，以及促進經貿互惠的重要夥伴。

備忘錄二六一

# 美國會對中國大陸經濟前景的評估

時間：二〇〇六年八月十日

今年五月，世界銀行（World Bank）發佈全球經濟展望報告指出，今、明兩年，全球經濟維持穩定成長，經濟成長率分別可望達到百分之三點七和百分之三點五，尤其以亞太地區（美國、日本除外）成長最強勁，預估將達百分之八點三和百分之八點二，其中中國大陸經濟成長率預估值更可達百分之九點五及百分之八點五。根據中共官方的資料顯示，目前中國大陸對外貿易持續穩健擴張，上半年商品貿易順差達六百一十四點四七億美元，上半年城鎮固定資產投資年增率達百分之三十一點三，其中房地產開發投資年增率為百分之二十四點二，人民幣貸款增加快速，上半年新增貸款已達中國人民銀行全年政策目標的百分之八十七點二，預估二〇〇六年經濟成長率將可維持在百分之十以上。日本經濟專家大前研一強調，中國大陸的經濟已成為全世界最典型的資本主義，而且正快速的形成六個或更多的區域經濟體。目前，以胡錦濤為首的集體領導體制，運用理性、技術導向的治國思維，再加上中國大陸週邊的國家，亦積極地樂意與中國大陸建立密切互動的經濟合作關係，已經促使中國大陸成為跨國企業全球運籌的核心部份。不過，華裔美籍律師章家敦對大陸經濟發展的前景，卻另有看法認為，中國大陸經濟要有好的未來，就必須從中央、省到地方進行徹底的改革，並且要妥善因應加入ＷＴＯ的轉型壓力、有效減少銀行壞帳、解決日益嚴重的環境污染問題，以及順利處理失業下崗潮等。章家敦強調，中國大陸成功解決這些難題的機會不大。今年七月下旬，由美國國會眾議院議員薩克森（Jim Saxton）主持的參眾兩院聯合經濟委員會（Joint Economic Committee, United States Congress），發表一份重要的研究報告，題為"Five Challenges That China Must Overcome to Sustain Economic Growth"。全文針對中國大陸經濟前景，提出深入而客觀的剖析，其要點如下：

第一：自一九七九年到二〇〇五年，中國大陸平均ＧＤＰ成長率為百分之九點七，並促使將近四億中國人脫離貧窮；在同一期間，中國大陸累積吸引高達六仟三佰三十三億美元的外資，而單在二〇〇五年就有七佰三十億美元外資投入中國大陸；此外，中國大陸的貿易總額在二〇〇五年已佔全球貿易量的百分之八點八。整體而言，隨著中國大陸在二〇〇一年底加入世界貿易組織後，中國大陸經濟國際化即面臨新的挑戰。長期以來享有審批權的地方官員，在中共當局逐步推動市場自由化措施，以加速吸收外資技術，並推動與全球經濟接軌的政策下，已經成為必須面對改革的既得利益者。朱鎔基在擔任總理時，積極推動加入ＷＴＯ，即是企圖運用國際經濟體系的壓力，打破地方官僚的阻礙，促進大陸的經濟體系與全球接軌。最近五年以來，在吸引外資及開拓國際貿易等領域，都逐漸地展現中國大陸經濟國際化的成果。現階段，中國大陸的經濟成長比較優勢，隨著其人力的條件、工業基礎、資金豐沛、市場擴大，以及全球產品通路快速成長的狀況下，已經成為西方跨國企業維持其在全球市場競爭力，所不可或缺的合作互動對象。

第二：近年來，不少西方的觀察人士都在研究，中國大陸總體經濟的基礎，是否能夠支持大陸在國際經濟體系中，繼續強勁成長，並成為吸引外資技術及推展國際貿易的大國。根據美國國會研究部門的資料顯示，中國大陸經濟市場化與國際化的過程中，必須克服五大挑戰，才能夠繼續維持健康的經濟成長，並對全世界的經濟環境，做出正面的貢獻，其中包括：（一）二〇一五年中國大陸擁有生產力的人口比例，將在達到高峰後快速走下坡，目前，大陸仍有一億四千萬失業人口，必須要靠高經濟成長率來化解就業需求壓力，但是，到二〇一五年後，勞工充沛的優勢將不再，中國大陸的經濟結構是否能夠有效轉型並維持成長，卻仍待觀察；（二）大陸官僚的貪腐及法治不彰，正快速地蔓延侵蝕經濟成長的果實，單就二〇〇五年民眾抗議官員貪腐不公的事件，即高達八萬七仟件以上；（三）二〇〇五年政府部門仍控制全中國大陸百分之六十六的企業資產，雇用九仟九佰八十萬城市工人及一億四仟二佰萬農村勞工，但其中至少有百分之二十的勞工、百分之三十的固定資產，以及百分之四十負債所屬國有企業，目前正陷入營運困境；（四）金融體系的結構不健全，到二〇〇五年為止累計的壞帳金額高達九仟一佰一十億美元，佔ＧＤＰ的百分之四十一，另根據Ernst & Young國際會計事務所的估計，到二〇〇六年三月三十一日止，中國大陸金融體系的壞帳仍有六仟七佰三十億美元，佔Ｇ

DP的百分之二十七點三；（五）國內與國際經貿活動的比例失衡，一旦國際市場的需求面，出現劇烈變動，但國內市場的需求無法有效提高時，中國大陸經濟發展出現「硬著陸」的機率將大增，同時也會對世界經濟的健康發展，造成嚴重的負面衝擊。目前，中共當局繼續以漸進式的步驟，推動經濟改革方案。但是，這種策略已經出現她的效率限制，同時，其在面對新挑戰時，顯然地已經遭遇到了結構性瓶頸有待克服，而此也正是考驗中共領導人智慧的重大課題。

備忘錄二六八一

# 美國與台灣互動的最新形勢

時間：二〇〇六年九月一日

八月三十一日，總統府宣佈陳水扁將於九月三日出訪南太平洋國家，因美國不接受「空軍一號」過境降落美國屬地關島，所以九月五日，陳水扁將從帛琉換搭華航飛機轉往諾魯、關島再返國。根據總統府發言人表示，美國確實在意過境關島是有關「宣示主權、反制倒扁」，因此建議陳水扁改搭民航機。今年一月間，美國西雅圖重要智庫「國家亞洲研究局」（The National Bureau of Asian Research），在新出版的「亞洲政策」季刊中，發表一篇題為"Taiwan: The Tail That Wags Dogs"的專論，並引起美日中共和台灣方面決策圈人士的高度重視。這份研究報告特別指出「台灣因素」，在美日中共互動關係中的複雜性，主要有四項包括：（一）台灣所處的地緣戰略位置，將牽動美日中共在亞太地區的戰略性優勢消長變化；（二）台灣所發展出的民主價值，已獲得美日內部相當程度的政治性支持，也成為美日敦促中共和平演變的重要籌碼；（三）中共一再揚言不放棄使用武力解決台灣問題，正好成為美日加強與台灣進行軍事合作的理由，甚至促使美國著手在台海地區準備軍事危機的應變計劃與行動；（四）台灣力量的消長變化，具有考驗美國對盟國承諾信用的效果，同時也造成台灣當局認為，美國將會無條件地對台灣提供軍事保護，以維持美國的信譽，甚至進一步挺而走險並拖美國下水。目前，台灣內部的政局已經出現明顯的動盪。對於美國而言，這種政局發展的不可預測性和政策信用的快速滑落，勢將促使美國降低對台灣政府的期望；同時，此也將導致美國方面，考慮增加對北京的倚重，以共同維持台海地區的和平與穩定。換言之，布希政府對於處理「台海問題」，已經認為台灣政府是基礎不穩定的弱勢政府。因此，其有必要加強與北京政府，進行更具體的建設性合作互動，以維持美國在此地區的利益；與此同時，陳水扁也會在這種政策思維中，明顯的被邊緣化。今年八月十一日，美國華府重要智庫「布魯金斯研究所」（The Brookings Institution），發表一篇題為“Former AIT Head Bullish on U.S.－Taiwan Ties”的專訪；在此之前，布魯金斯研究所於今年七月十三日，刊載包道格主講的“Some Reflectoins on My Time in Taiwan”演講問答實錄；此外，卜睿哲亦曾經於二〇〇三年九月上旬發表一篇“The United States and Taiwan”的專論。這三份由前任美國在台協會駐台北負責人所發表的看法，相當程度反映現階段美國與台灣互動的最新形勢，其要點下：

第一：探討美國與台灣關係的課題，至少應該包括價值理念、政治、經濟、安全等領域的內涵，而其中有四項特點必須強調：（一）現階段的台美關係在某些項目的密切程度，遠遠超過以往的互動；（二）台美關係在過去的幾十年有明顯的演變，例如五十年代到八十年代，雙方曾經有正式的邦交及軍事協防條約，然而，在過去的十五年間，台灣政治民主化的發展，讓雙方在價值理念上形成更加緊密的聯盟關係；（三）由於整體國際體系的變動頻繁，台美間的合作關係應該密切瞭解國際體系變化的脈動，以確保雙方的關係能夠保持合作發展，而不致於發生分歧與矛盾；（四）雖然台灣目前享有美國的支持，但雙方仍應注意強化多項能夠促使雙邊關係更加穩固的議題，讓台美的合作關係持續發展。

第二：美國與台灣在國際安全的領域，有非常重要的合作關係，但其間關係的變化與轉折也相當的複雜。目前，美國與台灣在台灣關係法的架構下，進行軍售及各項安全合作關係。不過，美國瞭解到中共對處理台灣問題的長期目標，因此，也積極地與台海兩岸雙方溝通，以防範台海地區成為美軍與共軍交鋒的戰場。此外，台灣與美國在經濟發展的領域上，同時具有密切的互動空間和利益的衝突。過去的十年間，美國與台灣合作，促進台灣的廠商運用台幣升值的契機，增加對大陸的投資，並成為美國廠商重要的代工製造廠。然而，台灣的全球競爭力已經面臨新的結構性瓶頸。同時，台灣必須加強智慧財產權的保護，並積極推動金融服務業等的改革，讓台灣的產業結構脫胎換骨，否則，在美商日益積極的進入中國大陸投資生產之後，勢必會拋棄台灣廠商所能提供的代工服務，而此項發展趨勢，也正是台灣與美國在經濟合作領域上，必須正視的挑戰。

第三：近十幾年以來，台灣的政治民主化發展，對台美互動關係的本質，具有深刻的影響。換言之，台灣政局的發展與民主憲政體制的成長，讓台灣與美國在政治價值理念及實質性的合作，建立堅實的基礎。不過，目前發現，台灣政黨的部份人士，有兩種作為將可能嚴重破壞台美關係的互信基礎，其中包括：（一）操作美國國會與行政部門的利益矛盾；（二）台灣的領導人以民意為藉口，做出破壞美國國家利益的行為。此外，台灣的朝野政黨及政治精英對攸關國家共同利益的議題，例如國防軍購政策、兩岸關係政策，甚至「國家認同」的憲政基礎，都出現嚴重的兩極化分歧立場，讓美國致力維持台海地區動態平衡的困難度升高。

備忘錄二六八三

# 美「中」對台海軍事形勢的戰略判斷

時間：二〇〇六年九月三日

1．八月二十九日，美國為推動與日本共同構築飛彈防禦網，特別將最新銳的神盾級戰艦「夏洛號」，部署在日本的橫須賀港。這艘神盾艦是美國部署在日本的第一艘配備海基標準三型攔截飛彈的戰艦，可以將北韓「蘆洞」中程彈導飛彈擊落。目前美日兩國駐防在橫須賀港的神盾艦已經增為八艘，同時，美國還計劃在太平洋地區增加部署六艘具有飛彈攔截能力的神盾艦。

2．八月二十九日，台灣國防部在最新出版的「國防報告書」中披露，我國在參謀本部下設立「飛彈指揮部」，建立「特種飛彈」作戰能量，包括射程約一千公里的「逖靖」中程地對地彈導飛彈，和射程約六百公里的雄風二E型巡航飛彈，以加強反制中共武力犯台的戰略嚇阻能力。根據美國「國防新聞」週刊在今年七月間的報導指出，美國已經透過管道，關切我國研發攻勢武器的進展情形，而且美方不希望我國擁有這類武器，部分原因是顧慮台灣領導人冒進走險，率先使用這種武器攻擊中國大陸，造成區域衝突，損害美國在東亞的利益。

3．台灣國防部在八月二十九日公佈的「國防報告書」中強調，從一九九六年台灣實施首次總統民選後，中共戰機出海在台海中線以西巡弋，已有根本性轉變；一九九九年「兩國論」後高達一千一百次，較一九九八年的四百餘次高；二千年政黨輪替後巡弋一千二百餘次，隔年升高為一千五百餘次；二〇〇四陳水扁連任後巡弋九百四十餘次，二〇〇五年又升高為一千七百餘次。同時，共軍積極部署東風系列短程戰術彈導飛彈，除配備現有各類子母彈頭外，尚可配備誤差在四十公尺內的石墨或燃氣彈頭，僅約七分鐘即可攻擊台灣本島；此外，共軍還在福建沿岸開始部署誤差可在十公尺以內的攻陸巡弋飛彈。

（二）情勢分析

1．隨著中共軍事能力日益強化，美國在西太平洋的軍事戰略部署，也開始準備各項因應的策略措施。基本上，美國的軍事戰略規劃者認為，中共若企圖在台海地區用兵，並有效防阻美軍的介入，或者打敗美軍，其可能採取的軍事戰略原則有六點包括：（一）把握衝突的初期階段，並發揮強力攻勢嚇阻美軍介入；（二）發動奇襲式的攻擊以取得戰局的主導優勢；（三）運用先發制人的戰略，在對台攻擊之前，先對美軍在此地區的軍隊發動攻擊，造成美軍重大傷亡，進而嚇阻美軍介入；（四）揭示有限性戰略目標，快速佔領台灣造成事實，促使美軍評估無介入必要；（五）避免與美軍正面迎戰，並採取重點打擊的方式，攻擊美軍的指揮、資訊、通訊、武器系統，以及重點補給線；（六）運用飽和攻擊的戰略，針對少數重點目標，例如航空母艦等，集中火力猛攻。目前，美軍太平洋總部的戰略規劃者認為，美軍在台海地區的軍事應變計劃，仍然可以保持資訊戰、反潛作戰、反艦作戰，以及制空權的優勢；但是，在十五年後，當共軍能夠有效地結合高科技與軍事能力的發展，組成新的軍隊時，美軍認為其原先擁有的優勢局面將可能會改變。

2．共軍的戰略研究部門評估認為，台海兩岸的軍力各有優劣，但整體而言，共軍仍然佔有上風。在硬體軍備方面，共軍認為台灣的軍隊有四項缺點：（一）各項重要的武器系統無法有效整合運用，形成一個發揮聯合作戰戰力的戰鬥體；（二）軍事工業的產能無法為提升先進軍力，供應必要的新裝備，導致軍隊無法面對戰場新特性層出不窮的挑戰；（三）台灣的地域缺乏足夠的空間，供作各項軍事運作操演之用；（四）台灣的各項重要的戰略性和戰術性設施，過於集中而且缺少有效防護，導致整體戰力呈現出相當程度的脆弱性。反觀共軍在有形和無形戰力方面，卻有許多超越台灣軍隊的優勢，其中包括：（一）共軍曾經有過多次與其他國家作戰的經驗，在作戰心理準備程度上，有相當的把握；（二）一旦台灣宣佈獨立，採取軍事行動的主動權操在共軍手中，中共可能隨時採取奇襲戰法，對台灣採取軍事行動；（三）共軍將針對台灣獨立的舉動，全面動員人民的支持力量，不論是閃電式奇襲或持久性的作戰，共軍認為其所獲得的支持意志，將超過台灣獨立所獲得的支持意志。

3．目前，美國的主流意見認為，美國與中共就有關各項重大的國際性議題，以及雙邊的經貿互動關係，有越來越重要的合作空間，因此，雙方有必要在台海問題上，積極尋求「避免軍事危機爆發的預警機制」，以降低台灣內部政局突變所造成的風險。至於中共的戰略思維，除了加強與美國互動，以強化「危機預警機制」的功能外，其本身也積極地針對「台海軍事形勢」的可能演變，進行具體的準備。日前，共軍高層公開表示，台海形勢「打不打，看台灣；怎麼打，看大陸；打多久，看美國」，而此適足以反映中共軍方，因應台海軍事形勢的基本態度。

備忘錄二六四

# 陳水扁政權的戰略性錯誤

時間：二〇〇六年九月十六日

## （一）相關情況

九月十五日，「螢光圍城」遊行圓滿落幕，百萬人反貪、倒扁行動總指揮施明德，在遊行終點台北火車站前廣場，站上指揮車，高呼「台灣人民勝利啦」。在這波倒扁運動中，除了鮮明的反映出台灣社會的變化，也展現了台灣未來的希望，更呈現出下列的特色：（一）就動員而言，這是台灣第一次在沒有政黨組織動員下，有這麼多群眾自發性地走上街頭，十五日晚間數十萬人上街圍城，表達民眾要求陳水扁下台的強烈意志，令人感動也令人敬畏；（二）就參加成員而言，大部份民眾年齡在四十五歲以下，女性多、中產階級多、年輕人多，甚至包括未成年的學生，此顯示台灣社會的中堅力量，已經正式向扁政府攤牌；（三）就社會背景而言，這一次的倒扁運動，是超越省籍、藍綠、統獨的全民運動，這些參與者並不是基於省籍或藍綠的意識而站出來，而是超越了政治標籤，單純而直接的要求實現一個道德標準；（四）就顏色而言，雖然明知會被扣上「和中共掛鈎」的帽子，但民眾依然接受倒扁總部所選擇的紅色，這意味著民眾不再害怕被抹紅或抹黑，更意味著民進黨慣用的抹紅技倆，已經被大部份民眾所唾棄。

## （二）情勢分析

1．從「和平演變」的戰略高度著眼，陳水扁政權真正的錯誤，是他本有機會把台灣發展成一個名副其實「自由、民主、均富」的福地，進而在行動上引領中國大陸，在精神上感動中國大陸人民，使全中國十三億人加速走向現代化的道路，但是他卻沒有為台灣人民把握機會。換言之，在中國人追求自由民主繁榮的歷程中，台灣的功能和貢獻，原本據有不可磨滅的地位，但陳水扁政權無此遠見與胸襟，不僅導致個人身敗名裂，更可能陷台灣於險境，甚至絕境。

2．綜觀陳水扁政權過去六年，不斷地在台灣操作無謂的翻攪，終於把台灣弄破搞爛；在政治上，以民粹取代民主，導致人民分裂，國家孤立；在經濟上，由於策略搖擺，導致產業衰退，企業外移，國民平均所得下降，貧富差距擴大，不少人活不下去，或個人、或夫妻、或攜子女全家自殺「屍諫」；在兩岸上，刻意鎖國封疆，製造仇怨，不僅在政治上形成嚴峻的對立情勢，而且還造成大陸民眾與台灣人民關係的疏遠。由於陳水扁政權的短視與偏狹，殊不知，台灣排拒了大陸，也等於放棄了對大陸的影響力。中國大陸目前當然不是一個民主的國家，但這並不意味他不會成為民主國家。隨著中國大陸經濟的發展及對外經貿文化交流活動的日益頻繁，新一代的中國領導人絕對無法迴避政治民主化的挑戰。台灣如果真正自由民主富強，同樣是中國人，大陸的共產黨領導當局有什麼理由可以說服國內外人士，說他們做不到政治民主化？誠然，台灣是一個小島，人口也只有兩千三佰萬人，但是如果我們相信自己制度的卓越性，相信我們的自由民主生活方式，可以帶給我們更幸福的生活，我們就應該當仁不讓的站出來，給中國大陸作為對照的榜樣，作為前進的動力，作為指向自由民主的燈塔。令人遺憾的是，陳水扁政權不知是懵懂無知，還是不屑一顧，竟然選擇「背道而馳」的做法，把台灣的經濟搞垮，把台灣的社會弄亂，把台灣的民主政治變成國際笑話，對大陸根本失去了學習和影響的作用。換言之，陳水扁政權為台灣人民帶來的最大災難，就是斷送了台灣發展成為「自由、民主、均富」福地的契機，一方面讓中國大陸輕視，一方面也使大陸的共產黨政權，減少政治改革的壓力，甚至懈怠了追求民主的決心與意志，導致這個十三億人口大國的政治制度改革，繼續的延宕。此外，就台灣的關鍵利益而言，只要中國大陸繼續是一個專制國家，對台灣不友好的國家，台灣就是每年把所有的國家收入，都用在購買軍備上，恐怕也無法保障國家安全。換言之，陳水扁政權執政六年所犯下的戰略性錯誤，以及其所造成的現實傷害，不但破壞了台灣兩千三百萬人的前途，也為自己的政權帶來瓦解的危機。

國家圖書館出版品預行編目

中美臺戰略趨勢備忘錄 / 曾復生著. -- 一版.
-- 臺北市：秀威資訊科技, 2004- [民93- ]
冊； 公分. -- (社會科學類；AF0011、AF0012、AF0052)

ISBN 978-986-7614-66-7(第1輯：平裝). --
ISBN 978-986-7614-67-4(第2輯：平裝). --
ISBN 978-986-6909-03-0(第3輯：平裝). --

1. 國家安全 - 臺灣 2. 兩岸關係 3. 美國
- 外交關係 - 中國

599.8 93020620

社會科學類 AF0052

# 中美台戰略趨勢備忘錄 第三輯

作　　者 / 曾復生
發 行 人 / 宋政坤
執行編輯 / 賴敬暉
圖文排版 / 黃莉珊
封面設計 / 莊芯媚
數位轉譯 / 徐真玉　沈裕閔
圖書銷售 / 林怡君
網路服務 / 徐國晉
出版印製 / 秀威資訊科技股份有限公司
台北市內湖區瑞光路583巷25號1樓
電話：02-2657-9211　傳真：02-2657-9106
E-mail：service@showwe.com.tw
經 銷 商 / 紅螞蟻圖書有限公司
台北市內湖區舊宗路二段121巷28、32號4樓
電話：02-2795-3656　傳真：02-2795-4100
http://www.e-redant.com

2006 年 10 月　BOD 一版
定價：420元

# 讀　者　回　函　卡

感謝您購買本書，為提升服務品質，煩請填寫以下問卷，收到您的寶貴意見後，我們會仔細收藏記錄並回贈紀念品，謝謝！

1.您購買的書名：________________________

2.您從何得知本書的消息？

☐網路書店　☐部落格　☐資料庫搜尋　☐書訊　☐電子報　☐書店
☐平面媒體　☐ 朋友推薦　☐網站推薦　☐其他__________

3.您對本書的評價：(請填代號　1.非常滿意 2.滿意 3.尚可 4.再改進)

封面設計____　版面編排____　內容____　文/譯筆____　價格____

4.讀完書後您覺得：

☐很有收獲　☐有收獲　☐收獲不多　☐沒收獲

5.您會推薦本書給朋友嗎？

☐會　☐不會，為什麼？________________________________

6.其他寶貴的意見：________________________________

________________________________________________

________________________________________________

________________________________________________

## 讀者基本資料

姓名：____________________　年齡：______　性別：☐女　☐男

聯絡電話：________________　E-mail：____________________

地址：______________________________________________

學歷：☐高中(含)以下　☐高中　☐專科學校　☐大學
☐研究所(含)以上　☐其他______________

職業：☐製造業　☐金融業　☐資訊業　☐軍警　☐傳播業　☐自由業
☐服務業　☐公務員　☐教職　☐學生　☐其他__________

請貼
郵票

To：114

台北市內湖區瑞光路 583 巷 25 號 1 樓

秀威資訊科技股份有限公司　　　收

寄件人姓名：

寄件人地址：□□□

(請沿線對摺寄回,謝謝!)

## 秀威與 BOD

BOD（Books On Demand）是數位出版的大趨勢，秀威資訊率先運用 POD 數位印刷設備來生產書籍，並提供作者全程數位出版服務，致使書籍產銷零庫存，知識傳承不絕版，目前已開闢以下書系：

一、BOD 學術著作—專業論述的閱讀延伸
二、BOD 個人著作—分享生命的心路歷程
三、BOD 旅遊著作—個人深度旅遊文學創作
四、BOD 大陸學者—大陸專業學者學術出版
五、POD 獨家經銷—數位產製的代發行書籍

BOD 秀威網路書店：www.showwe.com.tw
政府出版品網路書店：www.*gov*books.com.tw

永不絕版的故事・自己寫・永不休止的音符・自己唱